**NAVI BOOKS**

# 胸をはってクルマに乗れますか?
### 美しい自動車社会を求めて

舘内 端
Tateuchi Tadashi
NAVI編集部

**NAVI BOOKS**

# 胸をはって クルマに 乗れますか?

### 美しい自動車社会を求めて

**舘内 端**
Tateuchi Tadashi
NAVI編集部

## はじめに
## 前書きにかえて、連載開始のいきさつや本書の概要、など

**タテウチ** そもそも、なんで環境問題を追いかける連載を始めたんだっけ？ 随分前だから、もう忘れちゃったな。

**サトー** 2000年の夏に、タテウチさんとブリュッセルでGMの燃料電池車ハイドロジェン・ワンに乗ったんです。

**タテウチ** そうだ、だだっ広い飛行場で乗って、でも途中で壊れて止まっちゃったんだ。

**サトー** それで、クルマの未来は大丈夫なんでしょうか、とタテウチさんに相談したところから始まったんです。

**タテウチ** それはブリュッセルで始まった。カッコいいね。エンジニアがコンピュータをピコピコやって直してた。

**サトー** クルマの未来は大変だと思うと同時に、自分も大変だと思いました。地球温暖化の原因となる$CO_2$のうち約2割はクルマが出している、とGMが説明したんです。自動車専門誌の記者として、よかれと思って「クルマはいいぞ、もっと乗れ」みたいな記事を書きますが、結果として地球温暖化に加担している。100年後の人から見たら、ぼくらはとんでもない悪人だと思われても仕方ない、と感じました。たとえばいま、第二次世界大戦の戦犯は悪いヤツだと思われています。でも戦時中は彼らが英雄だったわけで、同じようなことになる。

**タテウチ** 俺たちは犯罪者だな。はからずもエネルギー・環境問題拡大のお役に立ってしまった。

タテウチ＝舘内 端
自動車評論家にして、
日本EVクラブ代表

サトー＝佐藤 健
自動車専門誌
『NAVI』副編集長

サトー　とは言いながら、やっぱりクルマは楽しいもので、生き残ってほしいと思ったんです。

タテウチ　そう、クルマの楽しさや便利さを次の時代に伝えたい。けれど、その前に俺は懺悔しないといけない。いや、大いに責任がある。自動車評論家も編集者も、自動車業界にいればクルマが問題だらけだってことを知らないわけがない。でも、みんな布団をかぶって「500馬力は偉い！」って原稿を書いている。楽しさだけを語っている。

サトー　ぼくも布団をかぶっているひとりです。そうしないと家賃が払えないし、どうすればいいかわからない。連載を始めるときに、俺はそんなふうに思った。やはりクルマでメシを食っている人が責任をとらないといけない。「温暖化はいけません」と、関係ない立場で言うのは簡単なんだ。だけど、クルマで生活している人やクルマを愛する人が温暖化や大気汚染について話をしたほうがリアリティがある。

タテウチ　取材をすると、自動車メーカーもエネルギー・環境問題について責任があると明言するようになりました。

サトー　そこで第1章は、まずエネルギー問題を取り上げたんだ。温暖化や資源枯渇、健康被害など、石油を燃やせない理由をいろんなところにあたっている。

タテウチ　そして第2章は石油以外のエネルギーの可能性を探っています。誤解されるといけないのが、風力発電や太陽光発電が化石燃料に全面的にとって替わるわけではない、ということですね。

サトー　風が吹く場所は風を使って、温泉が出る場所は地熱を使う。前世紀のエネルギーは化石燃料の一極集中だったんだけど、今世紀はそうじゃないと思う。「世界が」とか「日本は」という大局的見地じゃなくて、各地域ができることから始めたほうが解決に近づくと思う。

サトー　足元から始める、という意味で、第3章ではCO₂削減に取り組む企業を訪ねています。

タテウチ　CO₂問題を一挙に解決する方法じゃないと認めないって人もいるけれど、そうじゃない。もちろん大局的な見方も必要なんだけど、自分の所属する企業や自治体で出来ることから始めるのが大事だ、って章だね。

サトー　そして第4章、燃料電池や電気自動車など、クルマの原動機がモーターになるのと同時に、ほかの部品もどんどん電化されていることを追いかけています。

タテウチ　面白いのは、パワステとかエアコンとか、それぞれの部署が別々に開発して電化に行き着いたと思うんだ。省エネや効率を追求すると、どうしても電気になる。それがある日、隣の部署を見たら同じように電化していて、パッと組み合わせたら劇的に燃費がよくなった。新しいシナプスが繋がるような、スリリングな展開だね。

サトー　それで、最後の第5章がインフラの現状です。次世代エネルギーの原稿って、大体が「あとはインフラの整備が課題である」と締めくくられるんですけど、それでいいのか、という章ですね。

タテウチ　全国に水素スタンドが出来ないと燃料電池は普及しない、という論調で片づけちゃうんだ。ボーっと待ってればメーカーや政府が解決してくれるだろう、と。そうじゃなくて、環境やエネルギーは自分たちの問題なんだから自分たちでも考えようよ、という章だね。そこにあるコンセントだって使える。

サトー　それにしても、取材に応じてくださったかたは、みなさん元気で面白い人ばかりでしたね。

タテウチ　いい大学を出て上司の言うことを聞いてそつなくお金を稼ぐ、という前時代的エリートじゃないんだ。自動車は生まれ変わって再びスタートラインに立つわけで、みんな横一線。こういう時代には、個性的で愉快な人が出てくるんだ。問題を真正面から見すえる。すると、自分がやるべきこと、できることが見えてくる。で、やってみると元気がでる。この本にはそんな人が登場する。

# 胸をはって クルマに 乗れますか？
## Contents

### 第1章 もうこれ以上、石油は燃やせない

- 地球はどんどん暖かくなっている（前編） 真鍋淑郎氏 ……10
- 地球はどんどん暖かくなっている（後編） ……14
- 石油の寿命は、あと何年？ 小山茂樹氏 ……18
- ディーゼルエンジンの黒い噂 国立環境研究所 ……23

### 第2章 ほかにエネルギーはないのか？

- 風がつくる町 山形県立川町の風力発電 ……28
- 温泉を掘ったら電気が出た 日本重化学工業の地熱発電 ……33
- ダムの要らない水力発電 群馬県沼田市役所の水力発電 ……38
- 財布と地球に優しい住宅 ミサワホームのソーラー住宅 ……43
- 燃料電池は救世主なのか？ 日本エネルギー経済研究所 ……48

### 第3章 $CO_2$を減らす人々

- 働くクルマは頑張る（タクシー篇） トヨタ・クラウン・コンフォート ……54
- 自動車メーカーとの友情 三菱自動車の環境技術 ……59
- 闘うタクシー会社 金閣自動車商会の取り組み ……64

## 第4章 クルマがどんどん元（電）気になる

トヨタが電池メーカーになる!? …… 69
　トヨタ・ヴィッツ

働くクルマは頑張る（バス・トラック篇）…… 74
　日野自動車のハイブリッド・トラック

ころがり抵抗勢力の主張 …… 79
　横浜ゴムのエコタイヤDNA

クルマの燃費は、ガラスでよくなる …… 84
　旭硝子のIRカットガラス

$CO_2$が森を育てる …… 89
　コスモ石油の植林支援事業

魔法のトランスミッション …… 96
　ジヤトコのハイブリッド技術

電気ブレーキで$CO_2$をストップ …… 101
　ボッシュ・オートモーティブシステムのブレーキ技術

すべてのハンドルが電気になる …… 106
　ホンダの電動パワーステアリング

未来のクルマにもっと光を！ …… 111
　豊田合成のLED

クルマのエアコンは原始的（だった）…… 116
　松下電器産業エアコン社のインバーター エアコン

バッテリーとは、次の時代のエンジンである …… 121
　日本電池のリチウム・イオン電池

世界はキャパシタを待っている …… 126
　日産ディーゼルのハイブリッド技術

大きな会社の小さなモーター …… 131
　三菱重工業のEV用モーター

安い！遅い!!（空気が）うまい!!! …… 136
　ヤマハの電動スクーター

## 第5章 インフラはどうなっているのか？

日本初の水素供給ステーション …… 142
　WE-NET計画の実証試験

クルマと電気を繋ぐ架け橋 …… 147
　関西電力と日本電池のEV用充電スタンド

誰が水素を作るのか？ …… 152
　新日本石油の水素製造

あとがき …… 157

# 第1章

# もうこれ以上、石油は燃やせない

自動車や火力発電など、われわれの生活は石油を燃やせば燃やすほど快適に、便利になってきた。しかし、いままでのように石油を燃やし続けることは難しくなっているのではないか。

# 地球はどんどん暖かくなっている（前編）

地球の温度が上昇しているというのは本当なのか？ 本当だとすれば、どのような事態が予測されるのか？ また、地球温暖化の主犯と目される温室効果ガスとは何なのか？ さまざまな疑問を、気候変動研究の第一人者である真鍋淑郎氏にぶつける。

**真鍋淑郎**
Manabe Syukuro

1931年9月21日、愛媛県に生まれる。58年に東京大学理学部大学院博士課程を修了したのち、米国海洋大気庁(NOAA)地球流体力学研究室の上席気象研究員、プリンストン大学客員教授などを経て、97年から地球フロンティア研究システムにおける地球温暖化予測研究領域長を務める。地球フロンティア研究システムとは、科学技術庁（現在の文部科学省）が地球変動予測の実現を提言したことを受け、宇宙開発事業団(NASDA)と海洋科学技術センター(JAMSTEC)の共同研究プロジェクトとして平成9年10月に発足した組織。2002年からプリンストン大学客員研究員。朝日賞、ブループラネット賞、ボルボ環境賞等受賞。米国科学アカデミー会員。

# 温室効果ガスの正体

**タテウチ** 僕はずっと自動車にかかわって生きてきたのですが、自分は地球温暖化の加害者なのではないか？ という後ろめたさがあります。また、クルマが好きな人ほど、いつまでクルマに乗れるのかという危機感があるようです。好むと好まざるとにかかわらず、仕事でクルマを使わざるを得ない人もいます。環境問題というのは生活の中で重荷になる、気分の暗い話です。真正面から向き合わなければいけないのはわかっているけれど、怖くて触れることができない。そんな状況にあって、われわれは正確な情報を知る必要があると考えています。

**サトー** まずは、温暖化は本当に起きているのか、という基本的なところから伺いたいと思います。

**真鍋** 過去100年間で地球の全平均で0.7度℃、陸の上だけだと1度℃ほど上昇しています。この1000年間でこういうことは一度もありません。われわれの予測が不確かだという人もいますが、それは明らかに不確かなんです。数値モデルを作っていろいろと調べているのですが、自然とまったく同じ数値モデルを作ることは不可能ですから。ただし、実際に氷河も北極海の海氷も減っています。南極では減っていない、という人もいますが、それに関しては10年以上も前に予測し、論文を書いています。

**サトー** やはり温暖化は進行している、と。

**真鍋** 10年、20年、30年後、誰の目にも温暖化になった時に、われわれの研究が正しいと証明されるでしょう。

**サトー** 温室効果ガスが地球温暖化の原因だ、というのが素人レベルの知識なのですが。

**真鍋** 温室効果ガスというと、何か大気汚染物質のようなイメージをお持ちかもしれません。しかし、そうではないのです。気候を考えるにあたっては、太陽の次に大事なものです。本来であれば、太陽光とバランスする地球の温度はマイナス17度℃のはずなのです。ところが実際の地表面の平均温度は15度℃。つまり、温室効果ガスのおかげで地球は温暖に保たれている。また、$CO_2$が植物の光合成に必要不可欠なことは、みなさんご存じのとおりです。

**サトー** 温室効果ガスとはどんなガスなのでしょうか？

**真鍋** 内訳は水蒸気、$CO_2$、メタン、二酸化窒素などで、地球の大気組成からいえば0.1％程度です。

# 地球温暖化は悪くない!?

**サトー** 真鍋先生は1960年代から気候変動を研究されていますが、「やばい」と思われたのはいつ頃でしょうか？

**真鍋** 正直申し上げて、「やばい」と思ったことはありません。私が興味を持って研究してきたのは、気候というものがどのように変化するのか、そしてどのように維持され、というものなのです。しかし、そうはいっても温暖化が大きな問題であることは確かです。私が危惧するのは水の問題です。現在の穀倉地帯というのは、半乾燥地帯にあることが多い。たとえば北米大陸南西部、南半球だと地中海沿岸、アジアなら中国の北東部、ヨーロッパなら地中海沿岸、アジアなら中国の北東部、オーストラリアの草原地帯など。温暖化が進行する21世紀には、これら地域の土壌水分が減るでしょう。半乾燥地帯は砂漠の周辺にあるケースが多いので、砂漠の拡大も懸念されます。

**サトー** それは気温上昇に起因するのですか。

**真鍋** そうです。地表の温度が上がると飽和蒸気圧が上昇して土壌水分が蒸発しやすくなり、地表は乾燥します。温暖化に伴って本来は雨が増えるはずですが、半乾燥地帯では増えません。地表面が乾燥すると下層大気の相対湿度が減り、降水量が減るのです。

**サトー** 降水量が増える地域もあるのですか。

**真鍋** 大気が温暖化すると、含水蒸気量が増え、低緯度からの水蒸気輸送が増加します。すると、高緯度では降水量が大幅に増加します。21世紀の後半には、シベリアのオビ川やレナ川、北米大陸のマッケンジー川、ユーコン川の流量は20％増える計算です。また、モンスーンが強くなることからガンジス河の流量も18％増え、洪水の頻度が増すでしょう。つまり、降ってほしくない地域では雨が増え、水が必要な地域はますます乾燥するのです。

**サトー** それは「やばい」現象ではないのでしょうか？

**真鍋** 温暖化は悪だとアタマから決めつけて、温暖化に反対しない人は悪い人だという論調になっています。けれども、そんなに単純な問題なのでしょうか？

**サトー** といいますと？

**真鍋** たとえばシベリアは、200年か300年経つと10度Cは気温が上がります。いまはカチカチの凍土の上に立派な家を建てていますが、それは全部ひっくり返ります。

温暖化の悪い面ですね。しかし、暖かくなればあの広大な土地が素晴らしい農地になる。日本だって、北海道が一番住みやすい土地になるかもしれません。平野が広いうえに、梅雨前線は日本の南から動きませんから梅雨はない。

**タテウチ・サトー** う〜ん。

**真鍋** 人間というものはその時の環境に適応します。異なる環境に適応しようとしたら、過渡期にあっては痛みを伴う。凍土の上の家が倒れる、というのは痛みですね。そういう意味では温暖化は悪いことに違いない。けれども、ライオンもトラもいなくなって構わない、人間サマだけ生き残ればいいという人もいる。いっぽう、カバが絶滅したら耐えられないという人もいる。つまり、じぶんにとって何が大事なのか、倫理的価値の判断が求められているのです。

このままでいくと200年、300年後にはCO₂の濃度は3倍、4倍になり、すると地球は白亜紀後期と同じ気温になります。でも、これから100年のテクノロジーの進歩は予想できない。もしかしたらエアコンディショナーや地下に家を建てることで解決できるかもしれない。テクノロジーの進歩を予想するのは気候の変動を予測するより難しいと、私は考えています。

# Watch out!

舘内 端

## まずは問題を正視したい

　地球温暖化に関する最初の国際会議は、1985年のフィラハ会議であった。その後、91年に第1回の気候変動枠組条約交渉会議が開かれ、地球サミット（国連環境開発会議92年ブラジル）を経て、95年の気候変動枠組条約第1回締約国会議（COP1）の開催へとつながり、97年12月の京都会議（COP3）でようやく議定書が採択されることになる。

　というわけで、地球温暖化が世界規模で取りざたされるようになって、まだ日は浅いともいえる。しかも、日本でマスコミが地球温暖化を大きく取り上げるようになったのは、COP3（97年）以降のことだ。また、政府の対応も京都会議によってCO₂の削減値が決まってからである。

　したがって、世界初のハイブリッド車であるプリウスの発売（97年秋）をトヨタがCOP3に間に合わせたことの意味が、「えっ、なんで」と、当時、自動車業界で理解されなかったとしても、不思議ではないのかもしれない。地球温暖化問題は、自動車人にとっては寝耳に水であった。

　COP3から6年、つまりプリウスの発売から6年。自動車人たちは、COP3、ハイブリッド、CO₂、地球温暖化、気候変動と、さまざまな新語を学ばなければならなかった。これは、自動車が日々、地球温暖化という人類的な問題にさらされてきたということでもある。

　驚き、ときに反発し、悲嘆に暮れ、悩んだ6年間かもしれない。しかし、見ざる、言わざる、聞かざるでは何も解決しない。まずは問題を正視することである。

# 地球はどんどん暖かくなっている(後編)

前編での真鍋氏へのインタビューから、地球温暖化の実態、そして温暖化が引き起こすであろう問題が明らかとなった。これは、私たちにとって無縁の問題ではない。なぜなら、地球温暖化には自動車も大きくかかわっているからだ。全人類が排出する$CO_2$のうち、自動車が排出するものが全体の17～20%を占めるという試算もある。

## このままでは$CO_2$濃度は4倍になる

**タテウチ** 前編では、地球温暖化の現状についてお話しいただきました。それを踏まえて、われわれはどうしたらいいのか、ということをうかがいたいと思います。

**真鍋** 温室効果ガスの主な成分のうち、水蒸気というのは水ですから自然に上昇して、いずれまた雨となって降ってきます。大気に留まる時間も3週間程度。いっぽう$CO_2$は、大気中にとどまる時間が長い。大気中に長くとどまるということは、つまり化石燃料を燃やせば$CO_2$の濃度が増えるということ。すると温度上昇に応じて自動的に水蒸気も増えます。こういう気候変動を自然現象として解明する研究を40年以上続けているわけですが、これがタテウチさんとサトーさんの問題意識ですね。けれども、これは考えれば考えるほど難しい問題です。

**サトー** 難しいといいますと?

**真鍋** フロンガスによるオゾン層破壊を例にあげて、地球温暖化の問題と較べてみましょう。フロンガスによってオゾン層が破壊されると皮膚ガンが増え、フロンガスによって人類は生きていけ なくなります。ただしフロンガスを作っている会社は、たとえばデュポンなどに限られている。そしてフロンに代わる物質をデュポンが開発すれば、また儲かります。

**サトー** フロンを使用禁止にしても、皮膚ガンが減ってデュポンも儲かるのであれば異を唱える人はいませんね。

**真鍋** けれども、石炭会社に石炭を燃やすのをやめろ、明日から別の物質に代えろ、と言っても、フロンのように簡単にはいかない。

**タテウチ** われわれ個人も毎日化石燃料を燃やして、$CO_2$を大量に排出しているわけですもんね。たとえばアメリカでは石油消費量のほぼ半分が自動車のガソリンとして燃やされているわけで、いきなり化石燃料を燃やすなと言っても生活が不便になるわけだから、理解を得るのは難しい。もちろん、ぼくだってクルマに乗れないのは困ります。

**真鍋** 私は気候変動が専門で、$CO_2$削減や温暖化防止については別の専門家がいます。私が言うことができるのは、今のままでは200年後、300年後の炭酸ガス濃度が産業革命前の4倍にはなるということです。これを2倍にとどめるだけでも、大変な努力が必要になります。石油はそのうち底をつくかもしれませんが、石炭は無尽蔵といって

いいくらいありまして、これを燃やし続ければ、という仮定の話ですが。

## 大事なのは正確な情報の共有

タテウチ 1997年に行われた京都会議（COP3）では、「温室効果ガスを2010年時点で1990年比6％削減」という国際公約が確認されました。

真鍋 COP3の議定書については詳しくないのですが、本当なら日本は90年のCO$_2$排出レベルから6％の削減を達成しているはずなのです。ところが実際には2000年時点で6％増えている。つまり京都で結んだ取り決めを守るには、現状から12％減らす必要がある。

サトー 日本のマスコミは、アメリカのブッシュ政権が京都議定書を批准しなかったときに非難していましたが…。

タテウチ 万が一アメリカがCO$_2$削減を実行して、日本もそれに倣うとなると、困るのは僕たちかもしれないよ。日本では産業分野は90年レベルからCO$_2$の排出が増えていないのに、運輸と民生では増えている。つまり、物流の恩恵を受ける普通の生活者、あるいはクルマ好きこそがCO$_2$を削減しなくちゃいけない。

真鍋 日本が困るかどうかは別として、一国だけがCO$_2$削減を達成すればそれで解決する問題ではないことは確かです。いま、アメリカのほうが環境に対する規制が緩いからです。そして、メキシコのほうが環境に対する規制が緩いからメキシコに工場を作っています。SOx（硫黄酸化物）、NOx（窒素酸化物）、SOx（硫黄酸化物）をモクモク出す。しかし、アメリカ国内の産業は空洞化するし、大気汚染物質が風に乗ってアメリカ本土となって降り注ぐ。日本企業が他の国に工場を建てても同じです。CO$_2$だけの問題でなく、大気汚染物質などをトータルに考えないと本質的な解決にはなりません。

サトー われわれクルマ好きは、どうすればいいのか途方に暮れて、結局この問題に目をつぶっているのが現状のです。

真鍋 自動車産業に関して私は素人ですが、仮に電気自動車が増えたとしても、その電気をどうやって作るのか、という問題に行き当たります。石炭や石油を燃やして電気を作るのでは意味がない。原子力発電ならCO$_2$は出ません

タテウチ　結局、正確な情報を伝えて、みんなで知恵を出しあって決めるしかないです。

真鍋　そうですね。地球温暖化も、マスコミが報道するのは南の島がなくなるといったようなショッキングで悪い話ばかりです。あれを見せられて「あなたはどう思いますか?」と尋ねれば、それは「酷い」と思うに決まっている。

タテウチ　結局のところ、地球温暖化防止について国際的にどのような取り決めがなされるべきなのでしょうか。

真鍋　政治的な思惑はいろいろとあるのでしょうが、ひとつはっきりしているのは、COP3のような枠組み条約はある程度のリーズナブルな努力をして達成できるものでないと意味がない、ということです。満たすことが非常に難しい、あるいは不可能だと思える取り決めに、はたしてどれだけの意味があるのか。

タテウチ　本当に気候変動を防止しようと思ったら、たてまえだけじゃダメなんですね。じぶんが属している企業や国、じぶんの損と相手の得をぶつけあって、これならできる！　という答を出すしかない。

真鍋　そうです。そうしないと、ニッチもサッチもいかなくなります。

## Watch out!

舘内 端

### 温暖化の主犯は私のクルマ

　運輸白書(1998年)による交通運輸部門の$CO_2$排出量の増加割合は、90/95年比でプラス17％である。5年で17％も伸びているわけだから、このまま推移すると2010年には90年比でプラス68％となる。

　ところで京都議定書では、日本は$CO_2$排出量を2010年近傍で90年に比べて6％削減しなければならない。ということは、このままで行くと、交通運輸部門は68＋6＝74％も一気に減らさなければならない！　これは、日本のすべての自動車の燃費をおよそ2倍に向上させるということだが、おそらく無理だ。

　しかも、自動車走行キロの推移は、90/95年比で、貨物自動車の伸びはほぼゼロであるのに対して、自家用車の伸びはおよそ17％である。ようするに自家用車が主犯なのだ。つまり、あなたと私のクルマが地球温暖化を促進しているということになる。

　自動車には、大気汚染やら交通事故やら渋滞やら、さまざまな問題が存在する。これらの問題は目で見えるが、$CO_2$は色もなく、臭いもない。地球温暖化も、じわじわと進むから実感しにくい。自動車と地球温暖化の関係は、頭でわかっても、納得というか、からだでわかるというか、この事実をゴクンと飲み込むのはむずかしい。地球温暖化と自動車を結び付けるには、想像力が必要とされるのだ。

　その助けになるかどうかわからないが、ガソリン1リッターを燃やすと、排出される$CO_2$(Cではない)は2.4kgであり、ごく一般的なドライバーが1年間に排出する$CO_2$は5トンにも及ぶことをお知らせしておこう。

# 石油の寿命は、あと何年？

自動車メーカーが懸命に次世代車を開発する背景には、環境問題とは別にエネルギー問題があるのではないか？ つまり、石油の寿命が尽きつつあるのではないか？ 石油をとりまく問題について、エネルギー問題に詳しい東北文化学園大学の小山茂樹教授に訊く。

**小山茂樹**（写真右）
Koyama Shigeki

1935年生まれ。東京大学経済学部卒業後、経済企画庁へ入庁。経済企画庁官房参事官を経て、中東経済研究所を設立。現在は東北文化学園大学総合政策学部で教授を務める。著書に、『石油はいつなくなるのか』（時事通信社）、『サッダーム・フセインの挑戦』（日本放送出版協会）などがある。

# 石油の寿命、悲観論と楽観論

**サトー** ズバリおうかがいしますが、石油はいつまであるのでしょうか？ かなり以前から、「石油の寿命はあと30年」などと言われ続けているのですが。

**小山** 同じ質問をよく受けますが、石油の寿命については、簡単に答えられる問題ではありません。ひとつは、アメリカの地質学者であるM・キング・ヒューバートやC・J・キャンベルが唱える資源有限説です。石油資源の累積生産量が可採埋蔵量の2分の1に達したときに石油生産はピークを迎え、その後は生産が減退に転ずる、というものです。

**サトー** 具体的にはいつなんでしょう？

**小山** キャンベルは2001年が〝ミッドポイント〟、つまり生産のピークだという説を唱えました。

**サトー** 石油はもう峠を越した!?

**小山** もうひとつ、これは主に米国のオイルエコノミストの考え方ですが、石油の枯渇は心配ない、というものがあります。彼らは市場主義者で、石油はマーケットでいくらでも手に入ると考えています。石油資源の発見や回収率の向上は、石油価格との関数だという考え方です。つまりそれは、お金はかかるけれど掘ろうと思えばまだまだ掘ることができるということでしょうか？

**タテウチ** つまりそれは、お金はかかるけれど掘ろうと思えばまだまだ掘ることができるということでしょうか？

**小山** いまの原油は1バーレル=30ドル前後ですが、たとえば1バーレル=50ドルまで価格が上がってもよければ、現時点では採算があわないという理由から見捨てられている資源を掘ることができる、という発想です。いままでの技術では、埋蔵されている石油の100％を回収することはできていません。平均でおよそ35％程度でしょうか。これが北海油田では40％になっています。したがって、石油を回収する技術の進歩に伴い回収率が上がる、したがって、永久に石油が存在するとは言わないまでも当面は資源枯渇の心配はない、という考え方ですね。悲観論と楽観論、どちらが正しいのか本当のところはわかりませんが。

**サトー** 資源有限説は、正当性が証明されたのでしょうか？

**小山** 1950年代にヒューバートは、今後見つかるであろう油田まで推定して米国油田の究極の埋蔵量を計算しました。そして、埋蔵量の2分の1に達するのが71年、72年だとし、そこから生産量がダウンカーブに転ずると予言しました。生産量がゼロで始まり、ピークに達してから減退

るカーブを"ヒューバート曲線"と呼びますが、これが見事に的中したのです。

サトー アメリカ国内で石油生産量が減ったと?

小山 そうです。その後、アラスカなどにも資源が発見されたのですが、生産量は落ちている。これを地球規模にあてはめると悲観論になります。

サトー 資源有限説があてはまらない事例もあるのですか?

小山 イギリスではあと5年で生産がピークになると言われ続けて、それは全然あたりませんでした。しかし、その後、約200ある北海油田のデータを詳細に調べました。比較的大型の油田と小型のものに分類すると、大型油田に関してはヒューバートの理論があてはまります。まあ、北海の場合は大型といっても地質学的には零細の油田なんですが。北海では、無数にある小型油田が生産を支えていますが。1年で30箇所から40箇所の小型油田を開発するようですが、調査の結果、小型の油田は3年ほどでピークアウトすることがわかりました。小型油田もダウンカーブを描きつつあるようです。

サトー つまり、北海に関しても資源有限説があてはまる?

小山 目途がついてきた、とは言えると思います。とはいえ、だからといって石油が枯渇すると短絡的に結論づけることは難しい。いま、カスピ海の油田が注目されています。ここが北海並みに開発されれば、あと50年や100年は心配ないという意見もあります。

サトー すると石油の寿命はまた延びる。

小山 ところが、興味深い数字が発表されました。パリに本拠を置くIEA (国際エネルギー機関) が、石油の需要がこのまま拡大すれば2010年から20年にかけて供給不足に陥るという試算を発表したのです。

タテウチ 公の場で発表されるのは初めてですね。

小山 IEAの公式コメントではなくて、あくまで試算してですが。石油が枯渇するという意見に対して疑問なしとはしませんが、IEAが言うように、一所懸命に生産しようとしても増産できなくなるミッドポイントが近づいているのではないか、と私は考えています。

サトー あと10年か20年で需給は逼迫する、と?

小山 世界では年間で1〜1.5%の割合で石油使用量が増えています。増加の中心はアジアなどの途上国。現時点で資源に余裕があるのは中東、中でもサウジアラビアだけ

ですから、アジアがこのまま経済的に拡大すれば、中東を中心に石油の取り合いになることが予想されます。

## ライフスタイルを考え直す必要がある

**タテウチ** 仮に石油の需給が逼迫したとして、その時、アメリカはどう対応するんでしょう？

**小山** 石油市況は冬場の暖房需要で相場が上がるなんて言われていますが、アメリカでは違う。5月、6月から夏場にかけてぐーんと上がる。つまりガソリン需要ですね。

**タテウチ** クルマがないとコンビニにも行けないですから。

**小山** その中でアメリカの総合的なエネルギー政策というのがどうも見えない。政府がイニシアチブを握って指導するのではなく、個別の企業が次の時代を睨みながら自分たちでリスクを負ってやる。そうして生き延びる国のように思えます。メジャーの一部には、天然ガス資源を持とうとする動きもあります。だから刹那主義のように見えて、適応力があるかもしれません。アメリカは、現時点では石油の寿命に関して悲観論より楽観論が強いのですが、逆に、思いきり原油価格が暴騰して大石油危機が起きて新しい道が開ける、というシナリオも考えられますね。

**サトー** 日本はどうなのでしょう？

**小山** 需給が逼迫したときに日本が資源の奪い合いに参加してしまうのは、「いつか来た道」ということになる。

**タテウチ** そうなんです。石油の有無とは別の視点で、たとえば地球温暖化などの問題を考えても日本が化石燃料を選択するのは芸がない。

**サトー** 新しいエネルギーが必要になります。

**小山** 新エネルギー、再生可能なエネルギーの開発は非常に難しい。新エネは、全体のシェアの1％ちょっと。これを10％にするには、日本中を風車だらけにしないと。

**タテウチ** 日本の海岸ぞいに隙間なく風車を作らないと足りない。風力もソーラーも美しいんですけどね。

**小山** 太陽電池なんかもっとコストが下がるはずなんです。本気でやるつもりなら、建材メーカーは太陽電池パネルを埋め込んだものしか売ってはいけないとか、政府が建築基準法を変えてもいい。日本政府も行政指導はあれだけ一所懸命やるのに、国民にきちんと課題を示して法規制することに対しては腰が引けている。

**タテウチ** エネルギーに関しては情報公開が重要でしょうね。「日本はこういう状況にある、世界の国々ではこう考

えている。原発もちょっと難しい、でもこの方法ならできるからみんなで「頑張ろう」と言ってくれる政治家がほしい。

**小山** おっしゃる通りですが、もしかすると地方自治体には可能性があるかもしれない、と私は考えているんです。たとえば山形県の立川町というところでは、一般家庭用のエネルギーを風車でまかなっています。中央政府に任せるのではなく、地方自治体から全国に広がれば。その前に、生活スタイルの根本的な見直しが必要ですが。

**タテウチ** フランスのラ・ロッシェルという小さな町が98年9月22日を「ノーカーデー」にしたんです。すると99年にはフランス国内35都市、翌年は欧州の826市町村にそれが広がりまして、一大イベントになりつつあるんです。

**小山** フランスのストラスブールなどでは、路面電車を導入してパーク&ライドを実践し、成功を収めています。日本は狭いから駐車場の確保が難しいかもしれませんが、しかし、長野県が「ぐるりん号」という公共の循環バスを100円で走らせたら民間のバス会社も値下げして、結果として需要が増えた、という事実もあります。自動車を取り扱うジャーナリストも、クルマばかり追いかけないでこういうことを取り上げてほしいですね。

# Watch out!

舘内 端

## フセインとクルマの遠からぬ関係

　小山先生のご著書に『サッダーム・フセインの挑戦』がある。お話を伺った2000年暮れと、現在ではご著書の重さというか、リアリティが違うことは、おわかりだと思う。

　ブッシュ米国政権はイラク侵攻を石油利権のためではないと言っているが、果たして本当にそうだろうか。私は、イラクの石油以外に目的はないと思うのだが。イラクの石油を抑え、世界最大の産油国であるサウジアラビアを中心としたOPECを完璧に無力化し、経済、軍備だけではなく、エネルギー帝国米国を目指すような気がしてならない。

　しかし小山先生もおっしゃるように石油が無限とは考えられず、IEAによれば供給不足もあり得る。イラクを抑えたところで米国はエネルギーの安全保障を入手したわけでない。

　イラク侵攻の前にはアフガン爆撃があった。アフガニスタンの北には、ポスト中東石油といわれるカスピ海の大油田がある。中東の石油が枯れたら次はここだというわけだが、海ではなく巨大な湖であるカスピ海から石油を運ぶには陸路を確保しなければならない。

　しかし、イランを悪の枢軸と名指す米国は、カスピ海に接するイランを通るパイプラインは敷設できない。アフガニスタンは、パイプライン敷設の生命線なのである。それとも、イランにも侵攻し、米国流の民主化をして、パイプラインを敷設するのか。石油を軸に考えると、米国の戦略が鮮明になってくるのは、どうしてだろうか。そこに自動車もある。自動車が世界の平和を乱しているとすれば、大変に哀しいではないか。

# ディーゼルエンジンの黒い噂

クルマが排出する$CO_2$を削減するには燃費に優れるディーゼルエンジンが効果的だ、という意見がある。同じ距離を走る場合に、石油を燃やす量が少なければそれだけ$CO_2$も減る、という考え方だ。しかし、いっぽうでディーゼルエンジンの排出ガスには、人体に多大な影響を与える物質が含まれているとの研究報告もある。はたして、ディーゼルエンジンの排出ガスは本当に体に悪いのか？ 国立環境研究所理学博士である小林隆弘氏に訊く。

## このページを読むための基礎知識
## PM2.5とナノ粒子とはなんだ？

PMとはParticulate Matters、つまり粒子状物質。単にPMといった場合は、土埃などを含むすべての粒子状物質を指すため、ディーゼル排ガスに由来するものをDEP（Diesel Exhaust Particles＝ディーゼル排気粒子）と呼ぶ。また、大気中の浮遊粒子状物質は、SPM（Suspended Particulate Matters）と呼ばれる。

日本の大都市部におけるSPMを調査すると、5ミクロン程度の比較的大きな粒と、2.5ミクロン以下の小さな粒のものの2つのサイズが多くなっている。このなかで、5ミクロン程度の粗大粒子は土埃など天然由来のものが多い。いっぽう、2.5ミクロン以下のSPMはPM2.5と呼ばれ、燃焼活動によって発生する。現在日本の大都市においては、この多くがディーゼル排ガスに由来するといわれる。これは、ディーゼル排ガスにはガソリン燃料車の10〜20倍のPMが含まれることも要因である。ただし、大気中のDEPを直接測定する方法は確立されていない。現在は、SPMの測定値にDEPの寄与率を計算する方法が採られている。

また、ナノ粒子とは、100ナノメーター（nmはメートルの10のマイナス9乗にあたる単位）以下の粒子を指し、健康被害が疑われ始めている。ナノ粒子の健康被害を研究する際には、従来の重量濃度ではなく、個数濃度（ある体積の大気中に含まれるSPMの個数がいくらか）の測定がされるべき、との見解もある。この研究は、順調にいって2003年から着手される予定。

**小林隆弘**
Kobayashi Takahiro

独立環境法人・国立環境研究所において、環境健康研究領域の上席研究官を務める。国立環境研究所とは、1974年に発足した国立公害研究所が1990年に全面的に改組された組織。

**Q** PM2・5は健康にどのような影響を与えるのでしょうか？

**A アレルギーの発症、精子の数の減少、発ガン性などが明らかになっています**

心臓疾患がある人、呼吸器に喘息や閉塞性の肺疾患などを持っている人がPM2・5が多く含まれるところでは死亡率が高いという、ハーバード大学の疫学調査（93年ドッケリー教授らのグループによる「六都市調査」）の結果があります。その時点では、眉唾だったんですが、のちにメキシコ、ギリシア、カナダなどの50ぐらいの都市でやったもっと大規模な研究でも、やはり死亡率が高かった。これはもう本当だろうと。日本でも報告があります。

疫学調査だけでは普通は規制にはならないんですが、アメリカではPM2・5は動物実験の結果を待たずに規制をはいっています。そのかわり5年間動物実験などの研究を組んで、もう一回見直すということになっていて、2002年がその見直しの5年目。日本では遅ればせながら、PM2・5を大気中から直接とる装置を横浜に設置して、それを実験動物に曝露する（汚染物質に晒される環境を作って実験動物を置く）実験を02年からはじめるといった状況

です。ここ（国立環境研究所）ではディーゼルエンジンから直接排ガスをとって、その中のPM2・5をモルモットに曝露して、その影響を見る実験をしています。

実験を通して今明らかになっているDEPの健康影響としては、低い濃度において、喘息や花粉症などアレルギーの発症や、症状をより悪化させる、増悪が認められます。

それから粒子に付着した有機化合物が環境ホルモンと同じ働きをして、生殖機能に及ぼす影響も出ていて、作られる精子の数が減ったり、精子の運動低下が見られます。発ガン性があるということは、すでに認められています。

**Q** どのような実験を行っているのですか？

**A きれいな空気とDEPを含む空気とで、モルモットの比較実験を行っています**

花粉症の場合は、モルモットの鼻に抗原を入れるんですが、それを1週間に一度やっていくと、3回目あたりからくしゃみや鼻水が出てくる。それをきれいな空気のもとでやった場合と、DEPを含む空気の中でやった場合を比較して、くしゃみが何回目から出始めるか。あるいは3回目を比べて、片方は2、3回なのにもう一方は10回位するとか、くしゃみ回数の比較。そういう比較実験をしています。

その結果、DEPが空気中に0.1〜0.017mg/m³になると、くしゃみの回数の増加が見られ、0.021〜0.066mg/m³で鼻水が増えることが確認されています。喘息やアレルギー性結膜炎も花粉症と同じように、気管収縮や、目の充血を指標にして比較します。どちらもDEPの影響が確認されています。

循環器系への影響もいわれているんですが、実験が難しいんですね。DEPが直接入る呼吸器から離れていますし、死ぬときはみんな心臓が止まるので指標を何にしていいか分からないんですよね。今は心臓の筋肉に炎症を持った心筋炎、高血圧、心不全など、いろいろな循環器の病気を持ったモデル動物を作っておいて、PM2.5を曝露してその影響を見る、ということを実験しています。

Q なぜナノ粒子の健康影響が問題とされているのでしょうか？

A 小さなナノ粒子は、血管や循環器に直接入り込んでしまうのです

ナノ粒子はとても小さくて、肺の上皮細胞をそのまま通り抜けて、血管・循環系へ直接入り込んでしょう。そうして心臓などに悪さをするんじゃないかといわれています。

これは疫学研究で指摘されている心循環器への微小粒子の影響と符合するので、疑ったほうがいい。リンパ節への負荷も大きいといわれていて、アレルギー反応を増悪させる可能性もあります。ひとつひとつが小さくて、数が多いと、表面積が大きくなるので、表面に付着する有害化学物質が多くなるわけですから、生体影響が強く出るんではないかと。ただ今は、まだいいも悪いも判断できない。

排ガス対策が厳しくなって、PM2.5はどんどん削減されていく方向にありますが、これはDEPの重量濃度の規制で、個数が減っているということにはならない。ナノ粒子は非常に小さな粒子ですから、数量濃度で考えると、とても高濃度であることが予想されています。また、PM2.5を減らすようにエンジンを改良していくと、逆にナノ粒子の発生が増えるのではないかともいわれているんです。まあ、どちらも一緒に減るという人もいる。それから、ナノ粒子は軽油の低硫黄化対策を行っても、個数濃度の効果的な低減が見られないという報告もある。EUでは自動車排出ナノ粒子の規制がはじまるという動きもありますので、PM2.5の研究のように遅れをとることなく取りかかりたいと、研究プロジェクトの提案を進めています。

Q PM2・5は排出される沿道の問題か？

A 2次生成粒子といわれるPM2・5は遠隔地でも確認されています

基本的には交通量の多いところでは濃度が高くなります。つまり排出由来であるディーゼル車から遠ざかるにつれて濃度は低くなる。ただし、排ガスと大気中の水分やアンモニアなどが光化学反応によって結合してできる、2次生成粒子といわれるPM2・5は、発生由来からかなり離れたところで生成されるので、遠隔地でも確認できています。

Q PM2・5の組成はどのようなものでしょうか？

A 炭素を核として発ガン物質がくっついています

炭素が核になって、周りに未燃焼の燃料とか燃えたあとの酸化物、それから有機溶媒に溶ける部分がくっついてきています。このまわりの部分に発ガン性物質が多く含まれています。エチレンを中心とした脂肪族の炭化水素、ピレンやフローランテンなどの芳香族、ほかにシックハウス症候群を引き起こすホルムアルデヒドなどですね。

PM2・5が肺に入ると、この有機溶媒に溶ける部分が粒子から溶け出て、血管に入っていき、体内を巡っていき影響を与えます。炭素の粒子は肺に蓄積します。

# Watch out!

舘内 端

## 小さな粒の大きな問題

燃費が良く、低回転域でも力の強いディーゼル・エンジンは、トラック、バスばかりか、ヨーロッパでは乗用車の比率も高くなっている。一見、地球温暖化防止には救世主のようなディーゼルではあるが、しかし、排ガスによる大気汚染、その結果の健康被害となると、慎重な判断が必要だ。

ディーゼル排ガスと健康被害の関係が研究されるにしたがって、注目されるようになったのが、排ガスに含まれる微粒子である。

もちろん、微粒子の排出量も規制されているのだが、規制値よりも小さな、たとえば0.1マイクロメーターといった超微粒子が問題だといわれるようになった。

詳しく測定してみると、規制されている大きさの微粒子よりも小さな直径の微粒子のほうが、排ガスに含まれる量が多いという。

このような超微粒子は、埃や粉塵といった自然界に存在する粒子には含まれず、したがって生物は体外に排出できないらしい。体内に残留しやすいわけだが、そればかりか、あまりにも小さいために細胞膜さえも通過して、細胞の中に入ってしまう。

ディーゼル排ガス中の微粒子にはダイオキシンも含まれるというが、これが細胞の中に入ると、生殖にも異常をきたす可能性が出てくる。実にやっかいな問題だ。

いっぽう、最近の研究によれば、ガソリンエンジンの排ガスにも微粒子が含まれているとのことである。しかも、燃費を向上させるほどに排出量も増える可能性が出てきた。新たな問題の発生である。

# 第2章

# ほかにエネルギーはないのか？

第1章から、石油を燃やすことの限界が見えてきた。では、化石燃料に代わるエネルギーはあるのか？　第2章で取り上げるのは、風力発電、地熱発電、水力発電、ソーラー発電、水素を用いる燃料電池の5つである。現状では、このうちのどれかひとつが石油の代替となるのは難しい。しかしひとつのエネルギーに頼るのではなく、多様なエネルギーを組み合わせることが、現実的な考え方ではなかろうか。

# 風がつくる町

山形県の立川町は、特異な町である。一見するとのどかな山間の町であるが、なんと町内で使う電力の3割を風力発電でまかなうという。風車村センターの奥山保弥所長に、風力発電の可能性と課題を訊く。

立川町は、庄内平野に位置する人口7511人の町。風力発電のみならず、資源循環型社会を目指してさまざまな施策を試みている。一例をあげれば、堆肥生産センターを設置することで町内の生ゴミと畜糞を100％リサイクルすることに成功した。国土交通省の水質調査では、町内を流れる立谷沢川が東北地方における第一位（平成11年度）に輝いている。

## いずれは7割が風力発電

**サトー** ここは本当にものすごい風ですね。

**奥山** この風には長い間悩まされてきました。特に4月から10月にかけての「清川だし」と呼ばれる強風は、農作物に被害を与えたり大火の原因になったりしました。太平洋側からの風が新庄盆地に溜まるのですが、風の出口は最上川渓谷しかありません。それで、圧縮された風が最上川を伝わって庄内平野に降りてきます。立川町はその出口になっていて、膨らませた風船がバンッと割れるような感じになります。風速10m以上の風が年間約90日も吹くのです。

**サトー** 居住地域としては日本一の強風地帯だそうですね。

**奥山** そうです。断崖絶壁ではなく、田んぼの真ん中に風車があるという風景はここだけでしょう。

**サトー** 風力利用の試みはいつ頃から始まったのでしょうか?

**奥山** 昭和55年に、当時の田沢二二町長や町の有識者が、小型の風車を設置して山菜のハウス栽培や養豚に利用しようと考えました。山田式風車をご存知ですか?

**タテウチ** 木製プロペラの風車ですね。

**奥山** ええ。出力は1kW程度でした。それを20メートルほどの塔に設置して発電し、山菜のハウス栽培を試みました。しかし強すぎる風で約2年で壊れてしまったんです。

**タテウチ** 風車の設計性能より風が強かったんだ。

**奥山** そのときには、「清川だし」は強すぎて風車には適さない、という結論に達したのです。

**サトー** でも、そこで諦めなかったんですね。

**奥山** 平成に入って「ふるさと創生資金」の1億円で何をやろうか、というときに、いまの館林茂樹町長を中心に風を利用しようという意見が出ました。ちょうどタイミングも良かったんです。出力100〜300kW程度の優れた風車が出はじめた時期でしたし、平成4年に電気事業法の見直しがあって余剰電力を電力会社に買い取ってもらうことが可能になりました。風力エネルギーの権威である三重大学の清水幸丸教授とも相談して、平成5年にアメリカKWI社の出力100kWの風車を3基導入しました。本当は国産を使いたかったんですが高価でした。しかも10基なら売るけど3基なんて小ロットじゃ売れない、と言われて。

**サトー** ちなみに、おいくらだったんですか?

**奥山** 本体は1基3500万円で、補機類を含めると6000万円でした。風車は風がないときは発電量がゼロで、風が吹

くとドンと発電しますから、制御系にお金がかかるのです。1基6000万円が3基ですから、計1億8000万円ですね。正直申し上げて、当時は電力で儲けようという発想はありませんでした。「人の心にも風を」というテーマの、町おこしが目的だったのです。自治体としてはかなり頑張ったと思うのですが、おかげで立川町は風力発電の先駆けになりました。風力で町おこしをしたい、という自治体が増えてきて、平成6年にこの町で開催した「第1回風サミット」には12市町村が集まりました。以来、これから風車を建てようという自治体の90％以上は見学に来ますね。

サトー 3基だった風車が、現在では9基に増えています。

奥山 もう少し大きな風車を建ててもうまくいきそうだ、ということになり、立川町が4分の1を出資し、たちかわ風力発電研究所という第3セクターを設立しました。そして400kWの風車を2基、600kWの風車を4基建てました。現時点では、町で消費する電力の30％を風力で賄っています。さらに大きな風車も実用のメドがたちまして、500kWのものを2基、増設する予定です。実現すれば、町内消費電力の70％が風力によるものとなります。

サトー 採算はとれるのでしょうか？

奥山 600kWの風車1基の値段は、約1億8000万円、ただし半分は政府から補助金がでますから、9000万円。1基あたり年間130万kWを発電しますが、1kWあたり11円50銭で17年間にわたり東北電力に販売するという契約を結んでいます。計算では、1基で年間1300万円から1500万円の利益をあげます。ランニングコストを考えると投資した9000万円は9年から10年で償還することになります。風車の寿命を約20年とすると、後半の10年間はまるまる儲けになる予定です。

サトー 風車の電力は安定しているのでしょうか？

奥山 落雷で風車が随分やられる年もあります。したがって、収益は長い目で見ないと正確には判断できませんね。

## 日本は風力発電への取り組みが遅れている

サトー 町民のかたの反応はいかがでしょう？

奥山 調査をすると、住民の7割から8割が風車に好意的です。この一帯は、畑や雑木林だけでほかに何もない所なんです。幹線道路から外れているから、事業者の誘致も難しい。そんな土地で、「風の町」「環境の町」というキーワードで取り組んだところ、住民に受け入れられたようです。

サトー 風車の音がうるさい、という苦情はないのですか？

奥山 基本的には静かです。風車は最高で1分間に14回転しますから、回ればバサバサッという音がします。けれども、風車には「半径200メートル以内で40～45デシベルに抑える」という騒音規制がありまして、それをクリアしていないものは生産も輸出もできないのですね。

タテウチ クリーンなエネルギーを得ることで、住民の間に意識の変化みたいなものはあったでしょうか？

奥山 立川町では、風車の前から有機米の生産に力を入れていました。これは環境問題という発想ではなく、売れる米を作るためです。有機米は味が違うんですね。生ゴミや豚の糞尿を肥料に加工して農家に安く頒布していました。いまで言う循環ですね。それが、風力発電を始めてから少し変わりました。つまり、風力が環境なら有機米も環境だから、循環型社会を目指そうということになったのです。

サトー 具体的には、どのような行動に現れていますか？

奥山 たとえば生ゴミの分別ですが、山形でもここが一番古くて、一番成果もあがっています。生ゴミは町が作った堆肥センターで処理して、町内で100％循環しています。

タテウチ 風力も生ゴミも、エネルギーの循環という意味では同じですもんね。化学肥料を使わなくて済むということは、そこでも石油消費量が減るわけですし。

奥山 そういった甲斐もあり、町内を流れる立谷沢川が水質調査で東北地方における第一位を獲得しています。

タテウチ お米と空気と水がおいしい、というのはいい。

奥山 立川町がやっていることは微々たるものかもしれませんが、何もやらないと住みたい町になりません。それに、風力であれ太陽光であれ生ゴミのリサイクルであれ、いまやっておかないと間に合わないわけですから。

タテウチ 風車に話を戻すと、風力発電の分野だと日本は遅れていますか？頑張ってほしいんですよ。

奥山 いろいろ調べてみると、ヨーロッパではチェルノブイリ原発事故の後で風力発電の開発が加速したようですね。それでおっしゃるように、日本との差がついてしまったようです。たとえばデンマークでは、向こうの電力会社には風車の建設コスト が日本の半分です。さらに、向こうの電力会社には風車に

よる電力の買い取り義務もあります。そういった優遇政策があるから、お金があるかたは個人で風力発電を始めることも多いようです。そのほうが酪農をやるより利益が出るように、政府が誘導しているんですね。

**タテウチ** 日本は、欧米に較べると風力を優遇していない。

**奥山** そうなんです。電力会社も、入札制度の例外を作ってくれない。本当は1500kWの風車を2基建てたいのですが、3000kWになります。2000kW以上は入札にかけるということなのですが、このあたりをなんとかしたいですね。立川町の館林町長も風力で儲けるだけでなく、「地球温暖化を防ごう」と全国を行脚しています。モノを作って儲けるだけでなくて地球を本来の姿に戻そうと主張しているのですが、お役所もなかなか腰が重い。

**タテウチ** 電力会社は殿様商売をしてきたから改革は避けたい、お役所も天下り先を確保したいから腰が引ける。

**奥山** まだまだ、難しい問題があります。

**タテウチ** 最後になると、ドロドロの日本の政治問題がでてきちゃいますね。でも、風力発電推進市町村全国協議会という組織を作ったことは素晴らしいですね。ここが、いい意味での圧力団体になるといいと思うんです。

# Watch out!

舘内 端

## 均一の時代から多様性の時代へ

政治でいえば、独裁体制も、帝国の一極支配もよろしくない。交通機関も、自動車一極支配はまずくて、都市でいえばロスアンゼルスにみられるように、大変に大きな課題(大気汚染、渋滞、事故)を抱えてしまう。鉄道、船、飛行機、さらに自転車、徒歩といった多様な交通形態をもつべきだろう。それは、自動車を生き延びさせる上にも必要だ。

エネルギーも同様で、石油一極支配が世界の政治と暮らしを大変に不安定にしていることはご存知の通りである。エネルギーの多様化は、国際秩序の安定化に欠かせない。国と地方との関係でいえば、市町村が自前のエネルギーをもつことは、中央政府一極支配から逃れ地方分権化を推進する上で大変に有効だ。

だからといって、市町村が自前の軍隊を持ち、核武装するならともかく、原発をもつことなど非現実的であり、自前のエネルギーといっても大気汚染、地球温暖化、脱石油を考えれば、自然エネルギーになる。自然エネルギーには、水力、バイオ、ソーラー、風力等があるが、これらから地域特性に合ったものを選ぶ必要がある。風の強い立川町が風力発電を選んだのは正解であった。しかも、町民の悩みだった悪風を逆手に取ったのが嬉しい。

しかし、落雷や強風による翼の破損、発電量の平準化のむずかしさ等、課題は多い。また、市町村が自前のエネルギーを調達するとは、中央権力への一種の謀反だから、既得権を守ろうという守旧派の抵抗に遭って当然である。ガンバレ立川町。全国の市町村は立川町に続けと、エールを送ろう。

## 温泉を掘ったら電気が出た

岩手県松尾村に位置する日本初の地熱発電所である松川地熱発電所では、7万世帯に供給できるほどの発電を行っているという。質問に答えてくださった日本重化学工業・松川地熱発電所の大宮武美所長によれば、地熱は日本中で利用できるはずとのことである。

松川地熱発電所では、地下1～3kmの地層中の亀裂に貯えられている200度Cを超える地熱流体（ほとんどが熱水）を蒸気の形で取り出している。そして、その蒸気の力でタービンを回し、発電を行う。写真奥の水蒸気を出している鼓の形をした建物は、冷却を行う施設で、発電機ではない。

## 地熱発電は"優等生"

**サトー** 松川地熱発電所の発電能力から伺います。

**大宮** ここの認可出力は2万3500kWですから、一般家庭7万世帯ぶんにあたります。ここも含めて岩手県には3カ所の地熱発電所がありまして、岩手県の電力は、地熱と水力発電によるものだけでカバーできる計算です。

**サトー** 地熱発電がそんなに有用だとは思いませんでした。

**大宮** みなさん驚かれるんですよ。かつては電気事業法というものがありまして、ここで作った電力をよそに売ることはできなかったんです。そこで弊社の工場で使っていたわけなんですが、規制緩和によって電力会社に買い取ってもらうことも可能になっています。

**サトー** 地熱発電を始めたきっかけは何でしょう？

**大宮** 環境問題を先取りして自然回生エネルギーに取り組んだ、とお答えできれば恰好がいいのですが、実はそうではないのです。1952年に、ここ松尾村で温泉を掘ろうとしたんですが、温泉ではなくて蒸気が噴き出したのがきっかけです。これを有効活用できないか、と考えたのがきっかけです。

**サトー** かなりご苦労されたんでしょうね。

**大宮** ええ。商業的な規模で地熱発電を行ったのはここが日本初でしたので。何メートル掘ればいいのか、発電量はどのくらいか、基本から手探りでした。10年以上の時間をかけて調査や検討をして、稼働したのは66年でした。

**タテウチ** やっぱりパイオニアは大変なんだ。

**大宮** 世界的に見ると、イタリアで1904年に地熱発電の実験に成功し、9年後に稼働したというのが最初だといいます。比較的新しいエネルギーですね。

**サトー** まだ開発されていないけれど、実は地熱発電に適した場所がありそうですね。

**大宮** そうです。たとえば領海250海里だけを調べてみても、ものすごい数の海底火山が見つかるはずです。

**サトー** 地熱発電のメリットを教えてください。

**大宮** まず、安定的に電力を供給できることですね。たとえば、雨や雪の量に左右される水力発電所の場合、利用率は40％程度です。いっぽう地熱発電は80％、90％。「安定出力の優等生」と呼ばれています。

**サトー** 蒸気の増減はないのですか？

**大宮** 地熱発電を計画していた頃、「蒸気は10年で出なくなる」なんて言われましたが、実際は30年以上も安定して

噴き出しています。雨が地下にしみこみ、それが地球の熱で蒸気となり、また雨となって地上に降り注ぐわけですから、半永久的に循環するんですね。

**サトー** ほかにもメリットがありますか？

**大宮** $CO_2$の排出量が少ないことです。火力発電に較べると、20分の1〜200分の1となります。

**サトー** $CO_2$はどのような形で出るのですか？

**大宮** この発電所で出る$CO_2$というのは雨水に溶けていた$CO_2$なのです。ここで噴出する蒸気の99・5％が水蒸気、残り5％のうち85％が$CO_2$になります。そのほか、硫化水素などが大気に出ますが、これが温泉では薄い硫酸となっていわゆるお湯の花になるわけです。

**サトー** 雨水に含まれている以上の$CO_2$は出ない？

**大宮** 出ません。蒸気でタービンを回して発電するわけですから、ほかに$CO_2$が出ることはありません。火力発電と基本的な仕組みは似ていますが、火力ではタービンを回す蒸気を作るために石油を燃やしているということです。

ところで、燃料電池自動車や電気自動車が話題になっていますね。そこで専門家に伺いたいのは、次世代車は必ず電気を必要とすると思うのですが、いかがでしょう？

**タテウチ** その通りで、水素を作るのにも電気は必要です。火力発電所だから燃料電池自動車がどんなにクリーンでも、火力発電所の電気で水素を作ると$CO_2$は出ているわけです。

**大宮** ポイントはそこです。自然回生エネルギーを真面目に考えないと、$CO_2$はどうしても出るんです。

**タテウチ** そのほかにも、地下の熱を温泉やハウス栽培、暖房などに利用できるという副次的なメリットが地熱発電にはあります。地熱発電に用いるのは蒸気だけで、熱を持った水分は使いませんし、冷却に用いる水も50度C程度になっています。これらを有効に使うことができれば、トータルのエネルギー効率は非常に高いものになります。

**タテウチ** まさにコージェネですね。

## 東京でも地熱は使える

**サトー** 地熱発電のデメリットはありますか？

**大宮** リスクとコストですね。綿密な調査をしてから1000メートルほど蒸気の井戸を掘りますが、それでも空井戸といってハズレの場合があります。

**サトー** 1本掘るのにどのくらいの費用がかかるんですか？

**大宮** いま、この発電所で11番目になる井戸を掘ってい

すが、約5億3000万円です。基本的には石油を掘る技術を用いているのですが、石油より難しいのです。

**タテウチ** そうか、蒸気は熱いからね。

**大宮** ええ、熱の問題は非常に大きいですね。そして、掘り当てた蒸気でタービンを回して発電しますが、ここの蒸気には硫化水素が混じっているので、設備が傷みますね。

**タテウチ** ただコストの問題でいうと、今後、石油資源が高騰することを考えると……。

**大宮** そうなれば、地熱が高コストということにはならないかもしれません。電力だけでなく、温泉としての利用やコージェネなど、総合的なエネルギーを考えると、さらにコストは低く計算できるかもしれません。

**サトー** 調査から開発、稼働までにコストがかかることはわかりましたが、どのくらいで償却するものなのでしょう?

**大宮** およそ28年で、ダムによる水力発電とほぼ同じですね。ちなみに、ここの設備はほとんど償却を終えていますから、安定した費用で電力を供給することができます。あとは設備のメインテナンスだけを考えればいいわけです。

**サトー** お話を聞いていると、どうもデメリットよりもメリットのほうが多い気がします。すると、地熱発電所がバンバン建設されるような気もするのですが。

**大宮** まず、蒸気や熱水が出るところはほとんどが国立公園に指定されているという問題があります。国立公園内に発電所を作るとなると、申請に次ぐ申請で、省庁をいくつも回らなければなりません。莫大な時間と手間がかかります。それから発電所を作るとなると、周辺住民の反対にもあいます。特に蒸気を掘って地熱発電を行うとなると、温泉が出なくなるんじゃないか、という意見も出てきますし。

**タテウチ** 日本にはどのくらいの温泉があるんですか?

**大宮** 2700カ所くらいですが、正確な数字は政府がこれから調査するようです。私たちが調べたところでは、効率や規模さえ問わなければ、日本のいたるところで地熱発電はできるはずです。日本の場合、地面を掘ると大体15度Cにはなります。いわゆる発電ではないのですが、熱交換の技術を用いると冷暖房などに使われる電力の多くが不要になるはずです。個人的には、東京でも方法によっては、省エネルギーに繋がる取り組みができると考えています。

**タテウチ** 地球温暖化の問題などを考えても、地熱発電はもうちょっと活躍してもいいと思いますね。

36

**大宮** タービンや発電機の技術に関しては完成して、この発電所も採算ベースにのっています。どこを掘ればいいのかということもわかってきました。ただしわれわれが突っ走ってもエネルギーというものがあります。電気というのは瞬間発生、瞬間消費ですから貯めることが難しい。それは私たちにはいかんともしがたいので、きちんとした政策をもって統括、コントロールしていただきたいですね。

**タテウチ** 20世紀には石油や石炭などの化石燃料がエネルギーの主役になりましたけれど、なぜなんだろうと考えたことがあるんです。結論は、つまり使いやすかったということに尽きるんです。化石燃料を燃やすことの問題が噴出したいま、日本なら日本、アメリカならアメリカ、それぞれの地域の実情、特徴にあったエネルギーを考えてもいいと思うんですね。ところで、大宮さんは地熱発電と関わって、ご自身で何か変化がありましたか？

**大宮** じぶんで苦労して電気を作ってみると、たとえばテレビの待機電力とか、あるいは留守番電話やトイレの温かい便座ですとか、あの辺に違和感を感じるようになりましたね。エネルギーに対する抜本的な見直しが必要かもしれない、などと大きなことまで考えてしまいます。

# Watch out!

舘内 端

## 自然エネルギーはカネより強し

　前出の立川町は風の町だったが、海岸線の長い日本は海洋風力発電に大いに期待できる。何度か訪問させていただいている屋久島は雨の島である。この雨を利用して、屋久島の電気のほとんどは水力発電で賄われている。

　考えてみれば、日本は火山立国？でもある。火の山のエネルギーを生活の役に立てられないものかと、先人たちはきっと考えてきたに違いない。そこに地熱発電があった。地熱発電は、火の国日本の天からの恵みだ。

　所長の大宮武美さんは、プリウスに4WD仕様があれば購入したかったとのことであった。発電所のある八幡平国立公園一帯は雪が深いために、4WDが必須なのだ。プリウスに4WD仕様がないので諦めていたところに、エスティマ・ハイブリッド(4WD)の登場である。「具合はどうですか」と逆に質問された。

　自然そのものを相手に仕事をしていると、環境に深く関心を持つことは、ごく自然の成り行きだろう。とくに自然エネルギーによる発電のお仕事となれば、地球温暖化に関心が向く。大宮さんがハイブリッド車に関心があって、何の不思議もない。そういえば、風力発電の町、立川町は風の力をハウス栽培や養豚に利用しようと風力発電を始めたが、やがて町長の舘林さんは「地球温暖化防止」を掲げて全国行脚にでかけることになる。

　自然エネルギーの利用は、単なる経済の力学を超えて、人を自然へ、そしてその力で支えられている日々の暮らしへと、関心を向けさせるようだ。経済原理だけで自然エネルギーの利用価値を判断する愚は避けたい。

## ダムの要らない水力発電

山と海が近い日本では、川の水は急流となって下っていく。この水の勢いを利用して、自治体としては日本で初めて水力発電を行ったのが群馬県の沼田市である。お話を伺った沼田市役所建設部の佐藤肇課長によれば、直径わずか28センチの水車が年間300万円を稼ぎ出すという。

群馬県利根村に位置する片品川と栗原川の合流地点。ここで取り込まれた水が、62.5m低い場所にある浄水場へ送られる。その際に発生する水圧を用いて発電が行われる。

## オモチャの水車で年間300万円

サトー　浄水場で水力発電をしていると聞いて驚いたんですけれど、まずはその仕組みから教えてください。

佐藤　簡単に説明すると、土地の高低差を利用します。この浄水場より62・5m高い位置にある片品川（利根川の支流）から長さ3974mの水圧管で水を引いて浄水するのですが、そこで生じる水圧で水車を回して発電します。

タテウチ　こんなことをよく思いつきましたね。

佐藤　私の前任者が非常に研究熱心で、1979年から始まった浄水場の第5期拡張計画のときに発電所も視野に入れていたのです。そして87年に発電所が竣工しました。

サトー　個人のひらめきで始まったんですね。

佐藤　ええ。どうしてこんなことを思いついたかというと、このあたりには大正時代から集落ごとに小さな水車を用いた発電システムがあったというんです。ですから、突飛な発想ではないのですね。折しも第2次オイルショックの後で、省エネのかけ声が高まっていた時期でもありました。

サトー　水力発電システム構築にかかったコストは？

佐藤　2140万円です。

サトー　そんなに安いんですか？

佐藤　コストが低い理由としては、導水管、つまり水を運ぶ管は浄水場の設備をそのまま使っていることがあげられます。長野県木島平村の村営発電所では、導水管工事だけで5000万円以上かかったと聞いていますから。また、東京電力と連携するにあたって一般の配電線や並列に組んでいます。つまり、特別な送電線や配電線が不要です。小規模発電に関しては関西方面が熱心で、このシステムも広島の会社に一括してお願いしてかなり安くできました。

タテウチ　やりかたがうまいですよね。それほど規模を大きくしないで、しかも既存の設備を工夫して使っている。

サトー　発電所を維持するコストはどの程度でしょう？

佐藤　水車の直径は28㎝ですからオモチャみたいなものなんです。おかげで維持管理費も年間約50万円と、低いです。

サトー　水力発電所の採算はいかがですか？

佐藤　平成11年度の数字ですが、この施設の電力使用料金は673万8863円。そのうち東京電力に支払ったのは330万6908円ですから、差し引き343万1955円はこの水車が発電したことになります。維持管理に50万円はこの水車が発電したことになります。維持管理に50万4000円かかっていますが、それでも年間300万円は

稼いでいる計算です。つまり、7年間稼働すればイニシャル・コストがまかなえるわけで、元は充分とれています。

佐藤　発電機の定格出力は35kWぐらい送水ポンプに設定しています。じぶんで発電するわけだ。

タテウチ　じぶんで使うぶんはじぶんで発電するわけだ。

佐藤　綺麗にした水を2kmぐらい送れるんですが、このポンプが37kW。だからこのポンプを動かす電力だけで、発電システムの電力を消費してしまう計算になります。でも、ポンプも常時使っているわけではありません。ポンプを使わない夜間は、余った電気で塩と水を電気分解して、消毒用の次亜塩素酸ソーダを作っています。普通の浄水場では次亜塩素酸ソーダというのはよそから購入するものですが、輸送や保管の危険性を考えるとここで作ったほうがよいと考えています。

タテウチ　送水に使って、電気分解に使って、それから所内の電気に使って……、エライ！

佐藤　実際に電気を作ってみると、28cmの水車もバカにできないと思いますね。こんなに小さなものが、これだけのエネルギーを作ってくれるわけですから。

## 永久に循環するエネルギー

サトー　この計画に市役所の中で反対はなかったのですか？

佐藤　投資額に見合うのか、本当にできるのか、採算はとれるのか、という意見が出ると思っていたのですが、それがなかったんです。やってみろ、と。

タテウチ　いや、いい話だなぁ。いまでいうコージェネですもんね。当時としては画期的だったんじゃないですか。

佐藤　何しろ前例がないというんで、通産省（当時）と協議を重ねました。また、この発電システムは東京電力から受けた電気で装置を動かすものなので、東京電力とも綿密に打ち合わせを行いました。

タテウチ　通産省もびっくりしたでしょう。

佐藤　コージェネレーションという考え方はすでにあったのですが、具体的な連携システムの方策はまだ決まっていませんでした。だから何度も通産省に足を運びました。通産省のかたが何度か検査、チェックに来てやりとりをしたんですが、最後には「いや、よくやりましたよ。普通だったら途中で諦めています」とおっしゃっていました。

タテウチ　ほかに、官庁との折衝で大変だったことは？

佐藤　水道水を使うということで、厚生省（当時）からク

レームが来るかと思ったのですが、処理する前の源水を使うことから水質が悪化する危険性はゼロだということで、許可されました。大変だったのは、やはり通産省ですね。

**佐藤** 電力会社との連携プレーも必要になると思いますが、そのへんはいかがでしたか?

**タテウチ** 先ほど申し上げたように、夜間は浄水場の機械が止まりますから電力が余るんです。本当ならじぶんのところで余った電気を何とかしないといけないのですが、東京電力さんに送り返すから使ってくれ、と。そういうお話を東京電力さんと協議していくなかで、互いに意見を出し合いながら問題点をクリアしました。沼田市にある東京電力の営業所だけでなく、本社まで足を運んだ記憶があります。

**サトー** 発電システムを維持する上で、何か問題とかトラブルのようなものはありますか?

**佐藤** 稼働当初は、水路に硬い異物が入って水車の羽根を傷めたなんてこともありましたけれど、それは異物を侵入させないスクリーンを設けることで解決できました。それくらいでしょうか、トラブルといえるものは。簡単な設備なので、それほどメインテナンスには苦労しないですね。

**タテウチ** 欲張らずに規模を抑えたことがよかったんだ。

**サトー** さきほど、オモチャのような水車だというお話があったのですが、水車をもっと大きくすれば発電能力が増して、電気を売ることができるんじゃないでしょうか。

**佐藤** この発電所が出来た頃は、電気事業法の関係で売電は考えられませんでした。したがってわれわれも、ここで使うぶんだけを発電する計画だったんです。いまなら電力会社も買ってくれるのでしょうが。

**タテウチ** 時代も変わって、電力自由化の波も来ています。つまり、人口が増えて水道水がもっと使われるようになれば、発電量を拡大することができます。そうなれば、売電することも考えられるでしょう。

**タテウチ** 同じような地形の場所が日本にはほかにもたくさんあるような気がしますね。

**佐藤** いっぱいあるでしょう。いくつかの自治体が、見学にお見えになりました。ちょっとした水路があって、流れに緩急があれば出来ます。規模を問わずに、あるいは方法を少し考えれば、応用が効くと思います。日本では、ほとんどの場所で高い所から低い所へ水を引いていますから。

**タテウチ** そういえば、アメリカに換気扇くらいのタービ

ン式水力発電装置を売っているんですよ。送水のパイプをつけて川から取水してタービンを回すと、600Wくらい発電するんです。だから冷暖房までは難しいかもしれませんが、家の中の照明くらいはまかなえる。確か、一式で10万円以下とかその程度でできるはずなんですが、じぶんでは山奥に別荘を建てる人が多いそうなんですが、アメリカで電気を引くとなると大変な出費になるんですね。

佐藤　それは面白いですね。われわれが発電を始めた頃は、モーターなどの部品を探すのに苦労したんです。

タテウチ　モーター類も進歩して、随分と小型化、高性能化していますよ。しかも定置型ですと、それほど小型にこだわらなくてもいい。とにかく、水が流れて発電して、その水は水道水として使われた後に、また雨となって降ってくる。永久に循環するわけですね。

佐藤　そういった意味では本当にクリーンなエネルギーだと思っています。この浄水場が受ける水圧は大変なもので、特に夏は水道の使用量が増えて減圧弁で減圧したいほどなんです。それがいまでは減圧弁の代わりに水車があって、水を使うほど発電量が増えてエネルギーの補助をしてくれるんですから、面白いものです。

# Watch out!

舘内　端

## ヴィッツやフィットは一般家庭何軒ぶん？

　浄水場で発電しているというので、出かけてはみたのだが、場所が分らず国道17号線を右往左往してしまった。発電所といえば大きな建物で、当然敷地も広くて……と思っていた私たちの目には、こじんまりした当該事務所が発電所だとは映らなかったのである。

　話はまだ続く。佐藤肇課長に、「ご案内しましょう」と事務所の裏に連れて行かれ、「あそこです」と指差された先には、小さな小屋しかない。まさかと思ったが、「ということはあの小屋が……」と、同時に気づいた私たちは、思わず目を見合わせてしまった。

　35kWという発電機は、クルマに載らないわけではない大きさだった。EV（電気自動車）や、ハイブリッド車のモーターの出力（モーターは切り替えれば発電機になる）と似たようなもので、これらは、沼田浄水場の発電機を載せて走っていることになる。

　35kWというと100ボルト350アンペアである。一般家庭で使う電気は、炊飯や暖房が重なったとしても最大で30〜50アンペアだ。この小さな発電機で、一般家庭7軒から12軒の電気を賄うことができる。35kWを馬力に換算すれば、48馬力である。これは定格出力といわれるものだから、倍として最高出力96馬力のエンジンに相当する。1.3〜1.5ℓのエンジンで、ヴィッツ、フィットのクラスだ。

　ヴィッツやフィットが常時、48馬力で走っているわけではないが、しかし、ヴィッツもフィットも、一般家庭7軒から12軒分の電気を使って走っているともいえないわけではない。自動車って、そういうことだったのだ。

42

# 財布と地球に優しい住宅

電気もガスも、一切のエネルギー費をかけずに生活できる家があるという。エネルギー費が要らないばかりか、作った電気を売ることで住めば住むほど儲かるともいう。ゼロ・エネルギー住宅を開発する、ミサワホーム総合研究所の井田浩文エネルギー研究室室長に、ソーラー住宅の有用性を訊く。

東京都杉並区のミサワホームのモデルルーム展示場で見学したゼロ・エネルギー住宅。屋根に設置されたソーラーパネル、優れた断熱性能、熱交換技術の応用などで、東北以南であればほとんどエネルギー費用がかからないという。

# 年間5万4000円も儲かる住宅

サトー　電気代ゼロの家があると聞いて伺いました。

井田　統計によると、一般家庭の電気代とガス代は年間約33万円なんですが、計算上はこれがゼロになります。

サトー　それは、実際に住んでいるかたの数字ですか？

井田　ご覧いただいているのがゼロ・エネルギー住宅というコンセプトで作った、HYBRID-Zという商品のモデルハウスです。同様の家屋を何百というご家庭でお使いいただいていまして、追跡調査を行っています。岡山県のあるお宅では、年間5万4000円がプラスになった、という報告を受けています。

タテウチ　余った電力を電力会社に売るわけですね。

井田　はい。地域差やライフスタイルによる違いはありますが、エネルギー費は最高でも10万円以下のようです。

サトー　屋根に設置した太陽電池で発電するそうですが、ほかにもポイントがありますか？

井田　エネルギーを消費しないような設計と、住宅性能ですね。たとえば、このモデルハウスの外壁はニューセラミックと呼んでいる素材で、優れた断熱性能を持っています。

それから、窓ガラスに指を透かしてみてください。

タテウチ　人差し指が3本映る。3枚重ねのガラスなんだ。

井田　昔から家を南向きに建てたり、暑い地方では風通しを良くしたり、様々な工夫が行われています。そういった工夫をより進化させた住宅なのです。ほかに、キッチンにはガスではなく電気を使っています。電気のほうが圧倒的に効率がいいんです。ガスの場合だと、鍋に火をかけても6～7割は外にエネルギーが逃げます。いっぽう電気の場合は、8～9割が鍋に伝わります。また、ヒートポンプ（熱交換）の技術が進んだこともも大きいですね。これは燃焼によって熱を得るのではなく、空気中の熱を移動させるという考え方です。たとえば冷房を使うときに、エアコンの廃熱を利用してお湯を沸かす。夏場なら、家庭で使う程度のお湯はエネルギーを使わずに供給できます。

タテウチ　冷房を使うとお湯がタダになるんだ。驚きだね。

井田　いまは家庭でお使いになる全エネルギーの3分の1が空調用なんですが、実は、家の中に発熱源があるんですよ。われわれの調べでは東京では暖房は必要ないのです。テレビとか冷蔵庫とか。

サトー　この住宅は日本中どこでも効果がありますか？

44

井田　HYBRID-Zは、基本的に東北以南で販売しています。ゼロ・エネルギー率という指標を作りまして、分子に発電量、分母に使用量をおきます。このゼロ・エネルギー率が100％であれば、エネルギー費は当然ゼロになるのです。東北から北日本にかけては80〜100％、それ以外は100％以上、地域によっては130％に達します。

サトー　建築費は高価なんでしょうか？

井田　このモデルルームを例にとると、2階建てで建坪が74坪ですが、4500万円ほどになります。90センチ×90センチ四方のソーラーパネル1枚が、現状では7〜8万円。日本では電機メーカーがソーラーパネルの開発に積極的なので、需要次第で価格はもっと下がるというのは予想されます。ただし、現状ではやや高価なのですが、ソーラーパネルというのは屋根用の建材として耐久性に優れます。太陽電池そのものはシリコン、表面がガラス、フレームがアルミ、3つとも安定した物質なので長期間使えるのです。耐用年数は約50年。一般の屋根は20年程度でふきかえますから、年間30万円のエネルギー費を節約することとあわせて、長い目でみていただければ採算はとれる計算です。

サトー　マンションやビルにも使える仕組みなのですか？

井田　マンションやビルに使った事例もありますが、太陽電池は南向きの壁に使うと効率がいいんですね。しかしマンションやビルは南向きの部分がほとんどガラス窓なんで、壁面積が小さいのです。透明なソーラーパネルの研究も進んでいますから、将来的には期待できるかもしれませんが。

## クルマが住宅のバッテリーになる？

サトー　この取り組みはいつ頃から始まったのでしょう？

井田　弊社では、かれこれ30年近く省エネルギーの取り組みを行っています。生活するにあたってはどうしたってエネルギーを使うわけですが、"ゼロ・エネルギー住宅"というのはひとつの夢で、ずっと追いかけています。いまのように環境問題がクローズアップされてはいませんでしたが、オイルショックがあったので、なんとか消費エネルギーを低くしたいと考えました。当初は環境うんぬんよりも、ローコストで住める住宅を作りたいということが主眼でした。それがゼロ・エネルギーにまで行き着いた。

タテウチ　熱とうまくつき合うための断熱性能向上、そして自然エネルギーの利用が主題でした。自然エネルギーというと難しく聞こえますが、太陽の熱はいろいろな形で昔から

使われています。太陽電池にしても最近の発明ではなくて、昔から研究されていたものが実用的になったのです。

**サトー** 技術的な問題がクリアされたということですか?

**井田** ひとつは、電気設備として技術開発が進み、品質のよい交流電力が簡単に生み出せるようになり、電力会社の電力と同等に扱えるようになったということですね。もうひとつは、構造的な問題です。住宅は長持ちしないといけないのですが、水漏れの問題などから、簡単に屋根の上に太陽電池を載せることはできませんでした。屋根工事というのは建築の中でも特殊な難しい仕事なんですね。そこで太陽電池そのものを屋根材とし、太陽電池のサイズから見直して、施工方法を含めて住宅に適した取り付け構造を考案することで、問題が解決しました。それだけでなく、先ほど申し上げたように通常より耐久性が増すという副次効果をもたらしました。

**サトー** ところで、電気を貯える電池が見当りませんが。

**井田** かつてのソーラー住宅にはバッテリーが必要でした。けれども、冒頭でお話しした規制緩和のおかげで、電力会社と電線を繋ぐことができるようになったんです。つまり昼間は太陽電池の電力を使い、余った分を電力会社に買い取ってもらう。夜間、電力が安くなったときには電力を買うわけです。電力会社が巨大なバッテリーの役割をします。

**サトー** 都合よく使われる電力会社が嫌な顔をしませんか?

**井田** 特に太陽電池の電力は天候に左右されて供給が不安定なので、電力会社に大きなメリットを与えるのは正直言いまして難しいです。希望としては、太陽電池による電力は高く買い取る、そのかわり電力会社は税制面などで優遇される、そういったシステムがあるといいですね。このあたりは、単独の私企業が頑張っても限界があります。

**タテウチ** そうなると、エネルギー政策の問題ですね。

**井田** 偉そうなことを言いますと、昼間は電気を使わずに夜だけ使うというのは電力消費の平準化に役立っています。

**タテウチ** そのほかに、今後の課題ってありますか?

**井田** やはり普及しないと意味がないので、いかに買ってもらえるようにするかが問題ですね。それはコストも含めて。ソーラーパネルに関しては、技術的にかなり進歩して難しいことではなくなったので、あとはユーザーのかたにきちんと効果をフィードバックして、理解していただければいいと考えています。

**タテウチ** 住宅には可能性がありますね。日本中の家の屋

井田　自動車の専門家にこういうことを言うのもおこがましいのですが、自動車はひとつのコージェネレーション・システムなんですね。居住空間があって、石油でエンジンを回して動力を得て、発電して、廃熱は暖房に利用するわけですから。実は、住宅も同じことをやっているのです。

そして、電気自動車や燃料電池自動車の時代になると、住宅とクルマがもっと密接になると思うんです。たとえば、夜中に安い電気をクルマに充電すれば、クルマが大きなバッテリーになります。その電気を家で使うことも考えられる。家の中に置くには、バッテリーは重いうえに場所をとるし、高価ですから、自動車に一部分でも積むことができるといい。自動車にバッテリーを積むと、自走してメインテナンスを受けることができますし。

タテウチ　東京だと、平日はほとんどのクルマが家にある。
井田　昼間に出かける自動車なら、その間は車庫が空きますね。そこは、充電スペースとしてガソリンスタンドのように使えます。みなさんには、こういった自動車と住宅の関係を伝えたいと思っていました。

# Watch out!

舘内 端

## 省エネは快適だ

　この住宅のすごいところは、住むほどに$CO_2$を削減できる点だ。地域によって金額は異なるが、少なくとも電気代を節約できればその分、発電所から出る$CO_2$は削減される。

　そんなマジックが可能になったのは、単にソーラーパネルを屋根に張ったわけではないからだ。外壁やガラス窓の断熱性を高めたことが大きい。また、炊事にガスではなく電気を使っている点も見逃せない。細かなことを見逃さず、総合的に考える視点が、省エネ住宅にはどうやら大切なようだ。

　お話を伺ったのは、1月の下旬であった。東京といえども寒い。しかし、このモデル住宅に入ると暖かい。「いま、暖房を使ってますか」と聞くと、「何も使っていません」とのことであった。断熱性が高いので、住まう人の熱、電灯の熱、テレビやオーディオから出る熱で充分に暖かく、東京の冬であれば暖房器具は不要とのことであった。

　それに比べると、自動車の何と遅れていることか。断熱性は皆無に等しく、カーエアコンの効率の悪さときたら家庭電化製品と比べものにならない。まして、走るほどに$CO_2$を削減できて儲かるような自動車はない。最新の住宅技術に比べると恥ずかしい限りである。

　ところで、デンマークで進む省エネの考え方は、「もっと快適な生活を」である。寒い住宅、暑い住宅ではなく、もっと快適な住宅に住もうというのだ。一見、逆行するようだが、このハイブリッド住宅は、その好例ではないだろうか。自動車ユーザーも、本当の意味で、もっと快適にしろと要求すべきなのだろう。

# 燃料電池は救世主なのか？

次世代エネルギーの主役と目されるのは、無尽蔵と言われる水素を燃料とし、発電時に水しか発生しない燃料電池である。しかし、燃料電池普及にあたってはいくつかの障害があるという。（財）日本エネルギー経済研究所第2研究部の森田裕二マネージャーに、燃料電池の可能性と普及の課題を訊く。

日本でのメタノールは、医薬用外劇物に指定されるため、厳重な管理が義務づけられる。メタノールとホルムアルデヒドの因果関係については、現在調査が進められている。シックハウス症候群の主な原因物質とされるホルムアルデヒド（HCHO）は、無色で刺激臭を発し、目、鼻、喉への刺激作用が強い化学物質。

## 燃料電池自動車は本当に増えるのか?

**サトー** みなさんの報告書を読んで、ガッカリしたんです。というのも、日本では、2010年においても燃料電池自動車は乗用車全体の1%に満たない、とあったからです。

**森田** 技術的なこともありますが、価格の問題も大きいと考えています。普及するにしたがって価格は下がるでしょうが、価格低下の割合については議論が必要でしょうね。

**タテウチ** ガッカリした、ってサトーは言うけどね、日本の乗用車保有台数は5700万台だから1%だと57万台。べらぼうにコストがかかってるのに、高いと売れないからといって500万円くらいに値下げして57万台売るっていうことは、メーカーにとって相当な赤字だよ。

**森田** 現在の燃料電池システムのコストは、1kWあたり1万ドルといわれています。開発が最も進んでいると言われるバラード社でも、まだ量産というにはほど遠い段階でしょうから、高コストはいたしかたないのでしょうが。内燃機関との価格を拮抗させるためには、これを170分の1から200分の1にする必要があります。

**サトー** 燃料電池普及の見通しを研究するのはなぜですか?

**森田** 石油に依存してきたエネルギーをこれからどうするのか、ということです。これからも石油に依存していいのか。地球全体で見ると、やはり温暖化などの問題から$CO_2$は減らさないといけない。日本も減らすと約束しており、その目標値もあるのですが、実際には運輸部門では増えている。ここでもし燃料電池が普及すれば$CO_2$の低減に貢献するのではないかと考え、研究を続けています。

**サトー** 燃料電池のコストの話がでましたが、10年後、20年後に原油価格が高騰したと仮定します。すると、コスト的に内燃機関に対抗できる可能性はありますか?

**森田** 水素の原料は、メタノールやガソリンが有力です。ここで原油価格が高騰すると、当然ですがガソリン価格も上がる。また、メタノールは天然ガスから作るのが一般的ですが、現状ですと天然ガスと原油価格はリンクしています。つまり石油が上がれば天然ガスも上がる。よって価格の比率としては同じように推移する見込みです。

## メタノールスタンドも水素スタンドも同じように難しい

**サトー** 燃料電池車について、メタノールを積んで水素を

取り出すのか、それともガソリンを積むのか、という議論がされた時期もありました。ところが、現在発表されている燃料電池自動車は、水素を搭載しています。やはりメタノールやガソリンを積むのは難しいのでしょうか？

森田　いくつか説明を加えると、ガソリンといっても燃料電池車に積むのはエンジン車に用いるものとはちょっと違います。いまガソリンスタンドで売られているガソリンには、オクタン価を高めるためにさまざまな工夫が施されていますが、燃料電池に用いるのはそういった方向とは逆なのです。軽質でオクタン価の低い、むしろナフサに近い性質が求められるのです。いま売られているガソリンをそのまま燃料電池車に使うと、添加剤や硫黄分などの影響でガソリンを水素に変える改質器が壊れてしまう可能性もあります。改質器とガソリンとをマッチさせる必要があることから、燃料電池というのはなかなか気むずかしいものなのです。いっぽうメタノールは成分がひとつですから、改質器の設計はひとつの化学物質でよいのです。

タテウチ　そうか。ガソリンは成分がいろいろだけど、メタノールだったら$CH_3OH$で決まりですもんね。

森田　また、ガソリンから水素を取り出すには、７００度

Cから８００度Cにまで温度を上げる必要があります。改質器を温めるためにガソリンを燃やさなければなりません。

サトー　燃料電池も結局はガソリンを燃やすんですね。しかしですね、じゃあメタノールがいいのかというと、みなさんの資料によると、全国のガソリンスタンドをメタノール用にするには１７００億円かかるとあります。

タテウチ　１７００億円ってサトーは言うけどね、ディーゼルエンジン用の軽油に含まれる硫黄を少なくするには３０００億円かかるって言われてるんだよ。だからディーゼの排出ガスをクリーンにするよりは、お金はかからない。

森田　全国にメタノール用スタンドをつくるより、メタノールから水素を作るにはいくつかの問題があります。たとえば、メタンガスを大量に含むメタンハイドレードは無尽蔵に近い資源量といわれ、天然ガス資源として注目されています。ここから水素を作って燃料電池を稼働させるというプランもあります。けれども、天然ガスは輸送が難しいのです。サハリンでガス田を開発していますが、北海道から延々とパイプラインを引っ張って日本中に供給するのか、あるいは液化させて運ぶのか、そのあたりが解決していません。現地でガスからメタノールを作って、液体とし

てケミカルタンカーで運ぶという方法も考えられます。

**タテウチ** なるほど、輸送手段から考えないといけないんだ。それに、メタノールの貯蔵は、日本では法的に難しい。

**森田** メタノールは、毒物劇物取り締まり法で劇物に区分されていて、管理を厳しくするよう規制されています。たとえば給油ノズルからメタノールをこぼした場合、それを回収しなければなりません。タンクからメタノールがこぼれた場合を考えて、漏れたものを受け入れるための別のタンクの設置を設けるように指導されていたり、メタノールスタンドの設置は非常に難しいのです。

**タテウチ** それに、メタノールとホルムアルデヒドの関係も指摘されていますしね。ホルムアルデヒドはシックハウスの原因だと言われているけど、メタノール車が走ると街がシックタウンにならないとも限らない。

**サトー** そういった理由から、いま発表されている燃料電池自動車は圧縮水素を搭載しているんですね。

**タテウチ** じゃあ日本中のガソリンスタンドを水素スタンドにすればいい、って話になるけれど、それも同じように難しい。たとえば、いまの法律だと住宅街や大きな店舗がある地域に水素スタンドを作ることができないからね。メ

タノールと同様に、水素にも運搬と貯蔵の問題が残る。そうやって考えると、やはり自動車メーカー1社だけが抜け駆けして儲けるというより、全世界規模で自動車の未来を話し合って決めないといかんともしがたい。

**森田** 恐らくそうなるだろうと思うんです。燃料電池自動車を量産してコストを下げようにも、日本国内だけの市場で少ない台数でやるよりも、世界的な規模で同じ規格のものを出荷することになれば低コスト化が可能になります。

## 燃料電池も$CO_2$を出す

**サトー** 自動車用燃料電池が難しいことはわかりました。では、家庭用燃料電池というのはどうでしょう?

**森田** 家庭用のほうが早いだろうと考えています。車両用というのは小型化と軽量化が難しいですからね。

**サトー** なんらかのラインで各家庭に天然ガスなどの燃料を送って、そこに設置された燃料電池で発電する、ということですね。

**タテウチ** つまり、一家に一台燃料電池。そのときには、現在の都市ガスのラインはそのまま使えるのでしょうか?

**森田** ガス会社は、都市ガスから供給する燃料で燃料電池

を稼働させるのは極めて簡単にできると言っています。都市ガスは漏れたときにわかるように匂いをつけています。この匂いは硫黄分ですが、これが燃料電池の中の触媒を壊す恐れがあります。この硫黄分を除去する必要がありますが、基本的にはそれほど解決が難しい問題ではない。

**タテウチ** すると、やはり燃料となる天然ガスをどうやって日本に運び込むかという問題になりますね。それがクリアできれば、天然ガスをパイプラインで引いて、そこに規模の大きい改質器を設置して水素スタンドを作る。

**森田** そうですね。石油に依存しているうちのどれだけをシフトするのか、というのが問題なのですが、もうひとつ、ガソリンやメタノールから水素を作るときにCO₂が発生するという問題もあります。ガソリンはメタノールの2倍の水素を発生しますが、同時に2倍のCO₂を発生します。

**タテウチ** これからは地球規模でCO₂の排出を少なくするのが問題だと思うのですが、水素が2倍でもCO₂も倍になって、とんとんだ。

**森田** 問題は全体の効率の問題です。トータルでCO₂の排出が少ない社会を目指すことが大事だと考えています。

# Watch out!

舘内 端

## 水素が原子力になりませんように……

脱化石燃料、脱原発が、21世紀のエネルギーであろうことは、想像できないわけではない。では、それらに替わる新エネルギーとは……。

CO₂削減には有効な原発だが、核廃棄物の処理を含めて、さまざまな問題がある。また、燃料の再処理ができないとなると、原料のウラニウムも100年ほどで使い切ってしまう。永遠のエネルギーといわれてきた原子力にもかげりが見える。石油、天然ガス、石炭は、化石燃料と呼ばれる。この順に埋蔵量が少ない。海底に眠るメタンハイドレードは相当量あるといわれるが、採掘は大変にむずかしく、安全確保には最新の注意が必要である。

また、化石燃料はいずれも炭素の化合物である。燃やせば必ずCO₂を発生する。埋蔵量があり、しばらく使えるとしても、これまでのように大量に使うわけにはいかない。

そこで21世紀は水素の時代だといわれるようになった。水素こそ新エネルギーの最有力候補というわけだ。しかし水素は、生産するにも、運ぶにも、貯蔵するにも、電気等に変換するにも、未知のことが多く前途多難だ。

自動車における水素利用の筆頭が、燃料電池車だ。ついに2002年12月には発売されるようになったが、価格が数年で一般のユーザーが購入できる程度にまで低下するとは、とうてい考えられない。燃料電池車の実用化は、90年代にいわれていたよりも、ずっと将来のことになりそうである。

大いなる希望を抱かせた原子力と同じ道を水素が歩まないよう、祈念したい。

第 **3** 章

# $CO_2$を減らす人々

第3章では、$CO_2$削減に取り組む企業や人間を取り上げる。お読みいただくとわかるが、ここで削減できる$CO_2$はそれぞれほんの数％である。微々たる量、と受け取る人がいるかもしれない。けれども少し想像力を働かせれば、ここで紹介する技術や取り組みが有機的に組み合わされることが、容易に想像できる。そして、夢を語るのと同時に、現実も直視したい。ほんの数％かもしれないが、これは現実に達成した数％である。

# 自動車メーカーとの友情

トヨタ自動車がプリウスを発表する前から、$CO_2$削減を提案していた自動車メーカーがある。それは、1996年というタイミングでGDIエンジンを発表した三菱自動車である。自動車メーカーはクルマの未来をどのように考え、われわれユーザーとどのようにつき合っていこうと考えているのか？　三菱自動車で次世代技術開発を統括する貴島彰氏に訊く。

**貴島　彰**
Kijima Akira

1968年、三菱重工業株式会社入社。乗用車開発本部エンジン設計部長などを経て、2001年6月に常務執行役員（SEO）就任。乗用車開発・マーケティング統括本部乗用車開発本部長。

# 1996年、誰が$CO_2$削減を主張したか？

**タテウチ** 三菱自動車の役員というお立場もあるかと思うのですが、個人的なものでも構わないので"自動車人"としての貴島さんのお考えを伺いたいと思っています。というのも、三菱は1996年にGDI、直噴エンジンを発表しましたよね。あの時期にあれだけの決心をなさったのは先進的だったと思いますし、同時に自動車社会に対する危機感がおありだったとも思うんです。

**貴島** GDIについては、2010年の技術はこれだ、という意気込みで取り組んでいました。

**タテウチ** そして97年にはフルラインナップGDI化を推進した。僕の認識だと、当時はジャーナリストも含めて燃費はそれほどの関心事ではなかった。ましてや、燃費を$CO_2$排出量で表示するなんて考えてもいませんでした。

**貴島** 京都会議が開かれて地球温暖化防止には$CO_2$削減が急務だと議論されていた時期ですから、「$CO_2$排出を減らす自動車」というテーマはぴったりだと考えたのです。

**タテウチ** 先見の明ですね。

**貴島** けれども、いまでも考え方は間違っていないと思っていますが、エクストラのお金を払ってまで好燃費、低$CO_2$排出のクルマに乗りたい、ということにはなりませんでした。2000年くらいにはそういう時代が来るだろうとわれわれは考えていたのですが、ちょっと見込みが違った。いわばパイオニアの辛さです。しかし、当時悩んだおかげで、コストを下げ品質を向上させることができました。

**サトー** 辛さを経験したからこそ得るものがあった、と。

**貴島** 社内ではいつ値段が下がるんだと言われ続けたんですが、われわれもコスト低減に努力しまして、GDI発表当初の4分の1にまで下がっています。いま売られている他社さんのハイブリッド車も、あるいはコストアップ分をお客さんに払わせていないかもしれない。ある程度はメーカーの持ち出しで売っているのかもしれない。けれども、次の時代のためだと覚悟を決めていると思うんです。

**タテウチ** なるほど、たとえばトヨタがプリウスを売ると実はコストがかかる。でもお客さんに負担させるわけにはいかなくて、それはGDIも同じだった、と。このあたり、貴島さんの立場では言えないことを僕が言うと、環境問題について私たちはまだ痛みを共有していないと思うんです。

**貴島** われわれの立場でそれは言えませんね。

タテウチ　ついでに言うと、自動車評論家や自動車専門誌の編集者など、ジャーナリズムにかかわる人間も痛みを共有していない。トヨタがエスティマ・ハイブリッドを出したときに、ある人は「いつものように使ったら大した燃費じゃなかった。つまり、オレはいつものように使うんだ、という結論を出した。だからこんなものは使えない」という結論で良くないクルマも認めない、という自動車評論ですね。

貴島　われわれの責務はいかなる状況でも燃費を良くすることなので、なかなかそのようには言えませんね。ユーザーのニーズにマッチしたものを作ることも重要ですから。

タテウチ　エスティマ・ハイブリッドを使えないと断じた人は、現在の自動車社会がこのまま継続する、拡大すると錯覚しているのでしょう。けれども、そうではない。

貴島　それは本当におっしゃる通りです。

タテウチ　僕らには、環境問題を解決するのはメーカーの責任だから自分は関係ない、という依存体質がある。何もしないでボーッと待っていれば、メーカーや政府がなんとかしてくれると考えているフシがある。でも環境問題は私たちの問題でもあるんですね。メーカーに安くていいクルマ作りをお願いするのはもちろんなんですが、いっぽうでどれだけ排ガスを少なく走るかもじぶんで考えないといけない。省燃費走行時に緑色のエコランプが点くようにしたが、そういった主張もしていきたいですね。GDIでは、

タテウチ　メーカーもユーザーも正確に現状を認識して、共に痛い思いをしていい時期ではないでしょうか。たとえば、GDIが少し多めのNOx（窒素酸化物）を出すことが問題になりました。あのとき三菱は、「CO₂削減に向けてこのような努力をしている。そしてこういった問題に直面した」と正直に明かすことで、私たちと問題の共有化を図ればよかったと思うんです。応援したくなりますから。

貴島　そうかもしれません。真摯に取り組むことで技術的にも大きな進歩を遂げ、問題は解決し、結果として他社も追随してきたのですが、そういう方法もあるかもしれない。

タテウチ　確かな情報さえあれば自分で考えたり覚悟を決めたりもできますが、情報が曖昧だと疑心暗鬼になると思うんですね。だから、本当はどうなのかを知りたい。

## メーカー同士が環境でケンカをしても仕方がない

サトー　今後の三菱は、どういう方向に進むのでしょう？

**貴島** 実は、昨年（2000年）末にはハイブリッド車の開発が終わり、市販する予定でした。しかし、採算が合わなかったので残念ながら見送りました。FC（燃料電池）開発に関してはダイムラー・クライスラーのほうが進んでいるので、ダイムラー・クライスラーとの提携によるシナジー効果を活かしながらいろいろとやっていきます。

**サトー** GDIの開発は継続なさっているのですか?

**貴島** 2010年を考えるとGDI開発の手綱を緩めるわけにはいきません。事実、触媒も大いに進歩しましたし、電子サーモスタットのようなもので冷却水管理も飛躍的に向上しています。こういった地道な研究を積み重ね、組み合わせに知恵を絞ることも今後10年ほどのスパンで見ると大事です。GDIの需要は2003、4年頃から間違いなく伸長していくと考えています。

**タテウチ** 水素か何かでエネルギー問題はなんとかなると思いがちなんですけれど、ハイブリッドやFC（燃料電池）だけで$CO_2$問題すべては解決できないですからね。

**貴島** いま、ハイブリッドやFCに注目が集まっていますね。もちろん大いに結構なことです。けれども、たとえばFCにしろハイブリッドにしろ、本格的に普及するのは2010年、あるいはもっと先の話です。もちろん2010年以降も睨んだ中長期的な開発もしていますが、2010年までの技術開発も怠ってはいけないと考えています。

**タテウチ** トヨタやホンダがハイブリッド車を市販、FCも発表しました。けれど、それを採算にのせ、水素インフラも含めて普及させるには時間がかかると明言しています。

**貴島** ええ。ハイブリッドやFCが急激に普及すると楽観的に考えたいのですが、現時点ではまだ夢ですね。FCというのは小さなプラントを自動車に積んでいるようなものですから、なかなか難しい。いま、内燃機関とハイブリッド、FCの開発はまったくの別物だと思われています。けれども、そうではないのです。GDIの技術、あるいはもっとベーシックなエンジン軽量化の技術などがハイブリッドと組み合わされる時期が必ず来ます。過渡的には別として見える技術でも、いずれ互いが補完し合う関係になるはずです。夢を見たり語ったりすることは、クルマを開発するにあたって非常に重要です。同時に、現実をきちんと認識することも大事だと考えています。そこで、われわれにはGDIに代表される技術をさらに磨く必要があるのです。

**タテウチ** グループ全体で見れば、三菱自動車は非常に電

気分野が強いと思われます。FCもEVも実はやっている。

**貴島** いろいろやっています。電池さえ良くなれば最終的なエネルギーバランスはEVが一番なのかもしれないですし、FC、ハイブリッド、選択肢を広く考えています。

**タテウチ** 製造も考慮した総合エネルギーバランスを考える必要がありますね。トータル燃費、トータルの$CO_2$排出、トータルのエミッションで考えないと意味がない。

**貴島** そして自動車業界も、得意な分野をメーカーごとに補完しあう時代なのかもしれません。デザインやコンセプトでは戦いますが、環境でケンカをしても地球規模で考えると意味がない。実際、環境に関する技術交換などは4、5年前に較べるとまとまりやすくなっていますから。

**タテウチ** トヨタが「協調の時代」だと言うくらいで、一社でどうにかなるもんじゃありませんもんね。

**貴島** 時代が急激に変わりつつあるのは感じます。三菱で残念なのは、96年という非常に早い時期から高い環境意識をお持ちだったのに、それが表面に出ていないことです。もっと打ち出してほしいと思います。

**タテウチ** 三菱も次世代GDIをはじめ環境に優しいものをどんどん出していきます。楽しみにしていてください。

## Watch out!

舘内 端

### 腹を割って話し合いたい

自動車メーカーの環境・エネルギー問題に対する危機意識はそうとうに高いはずであり、それに対応するための技術開発も必死になって行っているはずであり、人も金も大幅に投入されているはずである。はずなのだが、今ひとつというか今ふたつほど伝わってこない。

これは、はずだと私が思っているだけで、自動車メーカーは本当は何もやっていないからか、私が聞く耳をもっていないからか、それともやってはいるのだが、いろいろあって発表できないからか。あるいは、日本の精神的な風土から、やってはいるけれども「ヤッテルゾー！」と叫ばない奥ゆかしさを重んじるか。そんなことはないだろう。

それから、自動車メーカーは、新技術の開発だけでは$CO_2$削減は限界ですと、もういうべき時代である。つまり、技術依存は限界だと（悔しいから絶対にいわないと思うが）。それはしかし、自動車メーカーをいじめているわけではなくて、ユーザーにも応分の責任と義務があるということなのだ。地球温暖化はユーザーの問題でもあり、かつ運転方法で、新技術を完璧に上回る燃費削減が可能なのだから。科学・技術依存体質からの脱却である。

そのためには、持続可能な自動車交通のために共に歩もうと、まずメーカーがいうべきだ。それには、新技術の開発には限界があると、真摯に認めることが大切なのだ。連帯の基本は、自らの弱さを認めることである。

今回のような対話を通じて、自動車メーカーとユーザーの間に環境・エネルギー問題を共有する機運が生まれるとうれしい。

# 働くクルマは頑張る（タクシー篇）

現在、日本を走るタクシーの数は約25万台。いっぽう、自家用乗用車の数は約5300万台。この数字だけを見ると、タクシーの$CO_2$削減の努力は効果が少ないように思える。しかし、タクシー1台あたりの年間走行距離は約10万kmで、乗用車の約10倍にあたる。これを考えると、"エコ"タクシーがもたらす影響は看過できない。クラウン・コンフォート（タクシー仕様）のアイドリングストップシステム開発に尽力した、トヨタ自動車・第1開発センターの加藤光久チーフエンジニアと中原康夫氏に話を伺う。

クラウン・コンフォートはタクシー仕様なので、LPG用のアイドルストップ機構が備わる。開発陣によれば、この仕組みをガソリン車に用いることも容易だという。現在の課題は、タクシー会社と乗客の理解を得ることだとスタッフは語る。アイドルストップ機構を備えるタクシーの目印は、テープランプの横に貼られたグリーンの「eco」マーク。

## タクシー1台は乗用車10台分

サトー　特に週末の夜の東京都内はタクシーが多いのですが、いま日本中でタクシーは何台走行しているのでしょう？

中原　現在、日本国内で走っているタクシーが約25万台、うち約65％がトヨタ製です。ですから、タクシーの省エネというのは社会的に意義ある技術だと思っています。

タテウチ　僕は、事務所までの通勤には電車を使うことが多いんです。けれど、たまにクルマで行って朝のラッシュにあたると、8.5kmの道のりに1時間かかることがある。夜中、渋滞がない時間にぴゅーっと帰るとだいたい20分。単純計算すると、ラッシュアワーだと所要時間の7割近くはアイドリングで停まっていることになる。

加藤　私も、アイドリングストップ機構が備わるクラウン・マイルドハイブリッドで計ってみたことがあります。すると、このあたり（愛知県豊田市）でも朝の通勤時間の約20％はアイドリングストップするんですね。社内の人間も、実際に試すとあまりの停車時間の長さに驚くようです。

サトー　このシステムで燃費はどの程度改善するのですか？

加藤　このアイドリングストップ機構はタクシー仕様のクラウン・コンフォート用です。したがって、大前提として一般ドライバーではなくタクシーのドライバーのかたが使うと限定して考えています。具体的な使用方法は、AT（オートマチック・トランスミッション）のシフトレバーをニュートラルかPレンジにするとアイドリングストップする仕掛けになっています。したがって、きちんと使っていただければ省燃費につながるのですが、燃費向上の程度は使う方の意思、操作方法に大きく左右されます。

中原　また、タクシーの場合は10・15モード燃費というのがなく、時速60キロの定地走行で燃費を測定するんですね。そういう状況ではアイドリングストップの利点はアピールしにくい。乗用車の10・15燃費モードでテストを行い、実際のモード試験ではDレンジに入れたまま停車するところをニュートラルにしてアイドリングストップすると、9～10％は改善します。

タテウチ　10・15モードで1割改善ということは、都市部の市街地を走るともっと大きな改善になりますね。

中原　そうですね、頻繁に停止することは予想できます。

サトー　タクシーは年間どのくらいの距離を走るのですか？

中原　われわれの資料では月に1万km、年間10万kmです。

サトー　大雑把に、一般的な乗用車の10倍ですね。ということは、25万台のタクシーの燃費が改善されるということは、乗用車250万台分にあたりますね。

タテウチ　ま、机上の計算ではそうなるな。

サトー　この取り組みはいつ頃から始まったのでしょう？

中原　1997年ですか、COP3の京都議定書を受けて、東京都から商用車のCO$_2$削減について考えてほしいという依頼があったのです。当時、バスはすでにアイドリングストップを取り入れていました。タクシーは客待ちなどでアイドリングで停車している時間が長いから何か手だてがないか、という話でした。ポイントは、AT車でアイドリングストップをやろう、ということですね。

加藤　タクシーも、都市部では8割から9割近くがATになっていますから、AT車でやらないと意味がないのです。

中原　ただし、タクシーは個体によって生涯で55万kmも走りますから、乗用車よりも高い信頼性が要求されます。また、コスト的にも制約は厳しい。それで入念に準備、検討、開発いたしまして、3年がかりで製品化しました。

加藤　社内には全車標準装備にすべきだという意見もあったのですが、5万円高のオプション設定にしました。タク

シー会社に受け入れられるかどうか、予測できなかったので。

サトー　タクシー会社の反応はいかがですか？

加藤　クルマの性格上、性能の宣伝や告知が十分にできるわけじゃないので、現時点ではタクシー会社に効果があることをわかっていただくことが重要だと思っています。

タテウチ　タクシー会社の立場になると、いきなり5万円のコストアップというのも厳しいでしょうから、行政から適切な補助があるといいですね。

加藤　極端な話、5万円のうちの1万円でもいいわけです。なにしろ普及しないと意味がありませんから。

サトー　価格以外で問題になっていることはありますか？

中原　弊社のクラウン・マイルドハイブリッドも、同様にアイドリングストップするシステムなのですが、あれよりシンプルでコストを抑えた仕組みになっています。一番顕著なのが、コンフォートではアイドリングストップするとエアコンも切れてしまうことです。私たちも、4、5分の停車では真冬の北海道や真夏にテストしましたが、実際には4、5分の停車ではエアコンが切れても問題はない。真冬の北海道でも日中なら大丈夫ですし、夏の都市部でも日が暮れれば何も問題ありません。けれども、実際にお使いになるかたにはエア

コンも停止することが気になるようですね。

加藤 あれもこれもと追求すると、結局クラウンのマイルドハイブリッドと同じようにコストがかかりすぎる。でも、それではタクシーとしてはコストがかかりすぎる。ある程度安くして、普及を狙っているんです。

タテウチ それ、いいですね。僕は"ローテク・ハイコンセプト"なんて呼んでいるんですけれど、機械では足りない部分を人間の知恵や工夫で補っていくという方法は絶対にアリだと思うんです。

中原 以前に舘内さんがお書きになっていたんですね、クルマは人間が意識して動かすべきだ、という趣旨のことを。"ローテク・ハイコンセプト"の逆が"ハイテク・ローコンセプト"で、機械は高度なんだけれど意識としてはそれほどでもない。どっちがいいという問題ではなく、両方ともアリだと思っています。

## クラウンを育てたのはタクシー会社

サトー では、実車で試してみましょう。

タテウチ 静かにエンジンがかかりますね。びっくりした。

加藤 クラウンですから（笑）。

中原 これくらいなら頻繁にエンジン始動をしても許容されるだろう、という目標はクリアしています。

加藤 ウインカーが点灯しているときには、アイドリングストップは作動しません。タクシーはお客さんを乗せるときにハザードを出しますが、そういう時にアイドリングストップすると煩わしいので。

タテウチ ちょっとしたことだけど、気配りですね。

中原 とにかくシンプルに、使える機能を追求したのですが、十分使用に耐えうるレベルにあると自負しています。

サトー 立派に使えます。ぼくがタクシー会社の社長だったら強力に推進するな。燃料費の10％も浮くんだから、5％が会社のとりぶん、残り5％はドライバーがもらえる、という仕組みにしてほしいですね。

タテウチ そりゃ強力なモチベーションになる。あと、モチベーションを上げるという意味では、エンジンが止まっている時間の積算計を付けたらどうです？それで「今日は最高記録だ！」とか、高橋尚子みたいに盛り上がる。

中原 開発段階では停車時間のメーターを付けていたんです。ただ、燃費はタクシー会社さんが管理されているし、

62

ディーラーとも協議してやめたんですね。

**タテウチ** これ、信頼性はいかがです？　触媒やスターターが壊れるという人もいると思うのですが。

**加藤** 触媒については、エンジンが暖まるまではアイドリングストップしないことで対応していただきます。スターターについては、これは現在の技術で寿命が3倍、4倍になることはないので、これはメインテナンスをしていただくことで対応します。タクシーは1年ごとにメンテしますから、タクシー会社との信頼関係の上で成立すると考えています。そして今後も、タクシー会社の理解と協力の上でこのシステムを育てていきたいですね。クラウンの歴史はタクシーの歴史、といった側面もありまして、クラウンはタクシー会社に育てててもらったと思っていますから。

**タテウチ** クルマとしてはきちんとしてますから、あとはいかに普及させるかだけですね。

**中原** 東京ではバスもアイドリングストップしていますから、「バスと同じだね」と好感をもって迎えられているようです。5年前とは、環境に対する意識が変わってきているなと肌で感じますね。

# Watch out!

舘内 端

## 21世紀、ドライビングは変わる

　1996年のこと。友人が「私はすぐに低公害車を買う余裕がないから、せめてと思ってアイドリングストップしています」と、某自動車関係の懇親会でいったら、低公害車を開発するある人（トヨタではない。念のため）から、「そういうのを自己満足っていうんだ。そんなことやったってムダだ」と非難された。そんな暗黒時代から5年。01年にAT車のアイドリングストップ機構ができた。自分の意思でアイドリングを止めるものだ。環境保全に自分も参加しているという意識を涵養できる。その意識は生活全般に広がるはずだ。

　一方、経済産業省の外郭団体である（財）省エネルギーセンターでは、AT車の信号待ちアイドリングストップ機構普及促進の運動を始めた。信号待ちアイドリングストップとは、信号が赤で停止しているときや、踏み切りが開くのを待っている間には、エンジンを停止しようというものである。省エネセンターでは、さまざまな実験も行ない、排ガスの増加もなく、もちろん燃費が良くなることも確認したのだが、さらにこれを全国に広めるべく「信号待ちアイドリングストップ全国キャラバン」を02年の8月に実施した。3300kmほど走って得た結果は、都市部では15〜25％も燃費が向上するというものだった。

　03年3月に欧州の省エネ運転事情を視察すると、すでにエコドライブ推進運動が始まっていた。ドライビング・スタイルを変えることで$CO_2$を削減する。それを助ける技術。これこそ21世紀に持続可能な自動車社会を構築できる技術ではないだろうか。

# 闘うタクシー会社

トヨタ開発陣の話から、クラウン・コンフォート(タクシー仕様)のアイドリングストップシステムが持つ意義と課題が明確になった。では、実際にこのクルマを用いる現場はトヨタの取り組みをどのように評価するのだろうか？ 富山県魚津市で"エコタクシー"を導入している金閣自動車商会に赴き、感想を伺う。われわれの質問に答えてくださったのは、佐々木祐司専務と乗務員の海原育雄氏である。

写真左が佐々木祐司氏、右が海原育雄氏。手前のクラウンがエコタクシー、白い日産キューブが車椅子専用タクシー。そのほか、自転車運搬サービスなど、ユニークな活動を行う(金閣自動車商会のホームページのアドレスは、http://www.hokuriku.ne.jp/kinkaku/)。

## 自動車で稼ぐ会社の義務

**サトー** 御社がアイドリングストップ装置を備えたクラウン・コンフォートをタクシーとして導入したと聞いて、取材に伺いました。導入の経緯からお聞かせください。

**佐々木** タクシー会社というものは大気を汚しながら、環境に負担をかけながら行う事業だという認識がありました。どんなに気を配っても、どうしても空気を汚してしまう。ですから、環境負荷を少しでも減らせる方策がないのか、と以前から考えていたんです。

**タテウチ** ぱちぱちぱち（拍手）。

**佐々木** そんなときに、トヨタがアイドリングストップを備えたタクシーを開発したことを知りました。弊社の予算計画にはなかったのですが、とりあえず1台発注しました。

**タテウチ** こういう経営者にお会いできて、嬉しいです。

**佐々木** 偉そうですが、他のタクシー会社のかたにも考えていただけないか、と、一石を投じる気持ちもあります。

**サトー** アイドリングストップ仕様のクラウン・コンフォートを開発したトヨタのかたに、普及にあたっての問題点をうかがったんです。トヨタの人によると、イニシャルコストがネックになるのではないか、ということでした。

**佐々木** アイドリングストップ装置は5万円高のオプションですね。しかし、私としては5万円なら自動車で稼ぐ事業者が支払う税金程度だと考えています。より大きな問題は、AT（オートマチック・トランスミッション）にしかアイドリングストップ仕様が用意されない、ということです。私どもはこれまで、ずっとMT（マニュアル・トランスミッション）のタクシーを使ってきました。MTと比べると、ATは約10万円のコストアップです。したがって、アイドリングストップ仕様にかかるコスト増より、AT化によるコストアップのほうが大きいのが実状です。

**サトー** トヨタの説明では、都市部のタクシーの8〜9割がATになった、ということです。

**佐々木** 北陸、それに東北や北海道も同じでしょうが、冬場は慣れたドライバーだとMTのほうが都合がいいのです。

**タテウチ** あ、そうか。雪道ですもんね。

**佐々木** ええ。だからトヨタには是非、MTの導入も考えてほしいと思っています。

**タテウチ** 単純にMTのほうが燃費がいいはずですし、MTのほうがアイドリングストップの仕組みは簡単ですから。

サトー 5月末からアイドリングストップを導入されて約3か月、燃費は向上しましたか？

佐々木 集計をしているのですが、まだバラつきがあります。さきほど申し上げたように、当社の場合はこれまで使っていたのがMTなので、MTとATのベースとなる燃費が異なる、という点も考慮しなければなりません。

タテウチ 燃費はルートによっても大きく違いますからね。

佐々木 ここ魚津という町は、人口に対する飲み屋さんの比率が全国で1位か2位なんだそうで、周辺でも「魚津で飲もう」という人が多い。昔からの漁師町で、そういった事情からタクシーの使い方が都市部とは異なり、"呼ぶタクシー"が主流になります。お店から電話を頂戴してお迎えにあがり、お店のそばに到着してからお客さまを呼びにうかがう、というものです。そういったときはATをパーキングのポジションに入れてサイドブレーキを引きますから、当然アイドリングストップします。このような使い方を考えると、燃費は絶対によくなっているはずです。

タテウチ 悪くなる理由はないから、どれだけよくなったかを確認するだけだ。

佐々木 嬉しかったのは、アイドリングストップの状態から

エンジンを始動させるときに音が静かだったことですね。

タテウチ ガリガリ、っていわないで、フンとかかる。

佐々木 細かいことは乗務員がお話すると思いますが、お客さんをお乗せする商売なので静かなのはありがたいです。

## プライドを持って仕事を行う

サトー トヨタの開発陣は、アイドリングストップすると4、5分でエアコンが停止することを気にしていました。実際にお客さまを乗せて運転すると、どうでしょう？ 乗務員のかたの立場から感想をお聞かせください。

海原 このあたりはフェーン現象の影響を受けるので、夏には気温が36度Cにも達することがあります。よほどのことがない限り、アイドリングストップでエアコンが効かなくて困ることはなかったのですが、ときにはウインカーを出すなど、エンジンが停止しない方法を採っています。

タテウチ エアコンメーカーに聞いた話だと、バッテリーで動く車載"電気エアコン"の開発がほぼ完了したそうです。だから、これからはアイドリングストップしてもエアコンは大丈夫ですよ。

海原 それはいいですね。早く普及してほしいです。

サトー お客さんの反応はいかがでしょう?

海原 後席にエコタクシーのステッカーを貼ってあるのですが、なかなか気づいていただけません。

タテウチ よほどクルマに興味がある人でないと、アイドリングが止まる現象そのものが理解できないかもしれない。

海原 ただし、気づいたお客さまは例外なく「いいのを入れたね」とおっしゃってくれます。それは単純に嬉しいですね。特に、ご自分で会社を経営されているかたは燃費が向上することに興味があるようで、どのくらいよくなったのかという質問を受けます。あとは、私も同感なんですが、アイドリングストップは静かだとおっしゃるお客さまも多い。実際に仕事に使ってみると、本当に静かなんです。振動もなくなりますし、深夜や早朝に住宅街でお客さまを待つような場合には特にありがたみを実感します。

サトー 乗務員のかたの反応も基本的にはよいようですね。

佐々木 乗務員のモラルが向上したというか、プライドを持って仕事をしてくれるようになったと感じています。コスト意識、環境意識にも敏感になってくれているようで、経営者としてはプラスになることが多いです。

タテウチ 富山県は保守本流の県だと聞いていましたが、なかなかどうして革新的な経営者がいらっしゃる。

佐々木 しょせんは資本の小さな会社ですが、それだけに、社員をファミリーだと考えています。コスト意識を徹底すれば、収入も増える、つまり燃費が向上したぶんは回り回って社員に還元することを伝えてあります。燃料費が浮けば、新しいサービスを企画提案することにも繋がって、それがまた収益になりますし。

タテウチ そういえば、車椅子専用タクシーも用意されていますね。

佐々木 ええ。都市部のように一度お客さまを乗せたらしまい、という商売ではなく、同じお客さまと長くつき合っていくのが地方のタクシー会社なのです。

タテウチ 東京では、同じタクシーに2度乗るなんてほとんど奇跡ですから。

佐々木 要はコテコテの地域密着なんですが、この町の環境が悪くなると自分たちの商売も成り立たなくなります。

タテウチ 以前、立山観光開発鉄道のかたと話をしたことがあるんです。鉄道会社の創設者のかたが非常にアグレッシブで、とにかく立山の美しさを守りたいと熱心なんだそうです。ディーゼルをやめてハイブリッドのバスを導入し

てと、意欲的に取り組んでいらっしゃる。それと似ていますね。佐々木さんはコテコテの地域密着とおっしゃいますが、決して悪いことではないと思います。立山が好きな人は立山が汚れると悲しい。魚津市を愛している人は魚津市の空気が汚れるのは嫌ですもんね。

**佐々木** そして、見えないところにお金をかけると社員も経営者の信念を理解してくれるように感じています。外から見える部分は誰でもできますから。

**タテウチ** ぼくもアイドリングストップを何年か前からやっているんですけれど、面白いのはほかのクルマがアイドリングストップをしているかどうかは、自分がアイドリングストップをしているとよくわかるんですね。静かだからよく聞こえる。最初に、他のタクシー会社に一石を投じる気持ちもあったとおっしゃっていましたけれど、まさにそれです。自分がエンジンを切ると周囲がどうかよくわかる。

**佐々木** 周辺のタクシー会社からは、「またそんな費用がかかるものをやって」と非難めいたことも言われます。けれども、この地で事業を行う人間だからこそやらなければいけないと思うのです。

# Watch out!

舘内 端

## 日本や世界を論じる前に

いるんだよね。こういう嬉しい人(経営者)が。勇気凛々虹の色だね。いっぱい元気をもらいました。ありがとうこざいます。

商売の原点は、お客様を大切にすること。自動車関連の商売で、お客様に尽くすとなれば、大切なお客様のお吸いになる空気を汚してはいけないし、お客様が暮らしにくくなる地球温暖化も食い止めなければならないと、金閣タクシーさんは考えたわけである。自動車事業者の鑑ですね。

たとえば「タクシー会社は大気を汚しながら」という認識。当たり前なようでいて、昨今の金権主義的風潮の中では、なかなかもてない。この認識があればこそ、「5万円のコスト負担は自動車を使う事業者の税金」という認識もまた生まれる。

では、金閣タクシーさんのこの認識と前向きな取り組みはどこから生まれ、何に支えられているのか。それは次の言葉から推測できる。「同じお客様と長くつき合っていく」「要はコテコテの地域密着」という部分だ。地域密着、顔の見える商売。この2つは、環境問題を考え、解決に向けて動く原点であり、帰着点である。

日本の、さらには世界の環境を……と考えると、多分、にっちもさっちも行かなくなる。きれいごとをならべた抽象的な行動倫理で終わってしまう。しかし、地球温暖化を初めとする環境問題は、抽象的な問題ではなく、生活の問題なのだ。だから、まず家族を、そして町内を、やがて町を考えることが環境保護運動の出発点なのである。

# トヨタが電池メーカーになる⁉

どうやら、アイドリングストップが省燃費に効果的であるのは間違いないようだ。しかし、ユーザーが気軽に実行するにはいくつかの壁があった。そのひとつが、エンジンを停止するとエアコンが効かなくなるということである。トヨタはこの問題をクリアし、しかもベーシックな実用車であるヴィッツに搭載した。同社パワートレーン制御開発部の加藤稔氏が語る、開発秘話。

トヨタ・インテリジェント・アイドリングストップシステムは、ハイブリッド車の技術を応用し、リチウム・イオン電池を助手席シート下に積むなどの工夫で完成した。ヴィッツUグレードのインテリジェントパッケージに設定される。

# エンジンを止めてもエアコンが効く

サトー　アイドリングストップシステムを備えたヴィッツが10・15モード燃費で25・5km/ℓという好燃費を達成したそうですが、このシステムの特徴は何でしょう？

加藤　まずCVT、つまりクラッチのないAT（オートマチック・トランスミッション）車でアイドリングストップができることですね。日本でアイドリングストップを広めるには、CVTのほうが容易だと考えています。

サトー　トヨタには、クラウン・マイルドハイブリッドなど、アイドリングストップ機能を備えた車種もありますが、違いはありますか？

加藤　クラウンの場合はエアコン使用中はアイドリングストップ禁止という問題がありましたが、ヴィッツはそこをクリアしています。

タテウチ　じゃあ、ヴィッツの仕組みを順を追って説明してください。まず赤信号で停止すると、エンジンがアイドリングをストップしますよね。エンジンが止まっている間、エアコンやオーディオ、カーナビなどに使う室内の電気はどこから来るのですか？

加藤　助手席シート下のリチウム・イオン電池で賄います。

タテウチ　それで、信号が青になってブレーキから足を離すと、自動的にエンジンが始動します。ここでのエンジンスターターの電源は何ですか？

加藤　リチウム・イオン電池です。アイドリングストップしてから始動までの電気はリチウム・イオンが担当します。

サトー　普通のクルマと同様に鉛電池も搭載するのですか？

加藤　はい、鉛電池は通常のクルマと同じ、ボンネットの中にあります。2種類の電池を併用する形ですね。

タテウチ　ということは、走っているときには普通のクルマと同じようにオルタネーターで鉛電池を充電するわけですよね。同時にリチウム・イオンにも充電しているわけだ。

加藤　ええ。あくまで鉛電池が優先ですが、リチウム・イオン電池にも充電しています。それから、ブレーキをかける時にはその制動エネルギーを減速回生で回収して、鉛とリチウム・イオン、両方のバッテリーに充電します。

タテウチ　なるほど、それでアイドリングストップしている間も電源が確保されるわけだ。つまりこのシステムのキモは、鉛とリチウム・イオンを併用することなんですね。

70

サトー　MT（マニュアル・トランスミッション）よりもCVTのほうがアイドリングストップは難しいのですか？

加藤　構造の問題もありますが、CVTのほうがアイドリングストップする回数が増えるので、エンジンやスターターの耐久性を上げる必要が生じます。MTだとギアをN（ニュートラル）に入れてブレーキを踏む、というふたつのアクションが必要ですが、いっぽうCVTならブレーキを踏むワンアクションだけですから。

タテウチ　そうか、MTだとすぐ発進しそうなときはNに入れませんもんね。

加藤　CVTだと停止のたびに全自動でアイドリングストップするので、確実に頻度は増しますね。

サトー　MTの2倍とか3倍は増えますか？

加藤　いえいえ、もっと増えます。15年使用すると仮定して、数十万回はアイドリングストップする計算です。負荷が大きくなってエンジンスターターに負担をかけて寿命に悪影響をもたらすので、そのあたりがポイントでした。

タテウチ　リチウム・イオン電池も15年はもつこと を目標にしました。大都市など渋滞の多い地域で頻繁にアイドリングストップすると難しいかもしれませんが、頻度の低い場所では車両寿命と同程度です。

サトー　たとえば真夏にエアコンを使うときなど、アイドリングストップは何分ぐらい可能なのでしょうか？

加藤　電池の充電状態によって差が出るので一概には言えませんが、冬だとヘッドランプを点灯していても30分間は大丈夫です。夏について言えば、エアコンの冷風が次第にぬるくなって車内温度が上がるとアイドリングを開始する仕組みになっています。

## 電池はエンジンであり、燃料でもある

サトー　リチウム・イオン電池の採用には驚きました。

加藤　電源の存在は非常に大きいですね。クラウン・コンフォートやクラウン・マイルドハイブリッドでは鉛電池を使いました。しかし、鉛だけで電力を確保しようとすると、かさばるし重くなるので小さなヴィッツには使えない。そこでリチウム・イオン電池を使うことになりました。

サトー　リチウム・イオン電池を助手席の下に入れることは最初から決まっていたのですか？

加藤　ええ、あそこしかないんですね。ヴィッツの場合、ト

サトー　ランクルームには電池を置くスペースがありませんから。

加藤　リチウム・イオン電池の重量はどの程度でしょう？

タテウチ　５８０グラムです。

加藤　そんなに軽いんですか。

サトー　トヨタの自製です。そこの工場で作っています。

加藤　この電池、どこが作ったんですか？

タテウチ　えー!?　てっきり松下電器さんとやったのかと思ってましたよ。

加藤　基本的には独自でやっております。

タテウチ　電池はエンジンと燃料が一緒になっているようなものだから、これをヨソに握られると自動車メーカーじゃなくなりますもんね。そういうお気持ちはありました？

加藤　私にはありました。思ったとおりの電池が欲しいので自分のところで開発したというのが正直なところです。

タテウチ　トヨタが電池メーカーになった!?

加藤　まだ他社に売ってはいませんが、作ってはいます。

タテウチ　トヨタの社内に、電池屋さんがいるわけですか？

加藤　大きな会社なもんで（笑）。

タテウチ　自動車メーカーが自社で電池を作ったというのは聞いたことがないですよ。

サトー　この機構で一番お金がかかったのは電池ですか？

加藤　そうですね。金額的にはかなり厳しい。

サトー　標準車に較べて６万円高で、採算がとれますか？

加藤　あまり言うと怒られるんですが……。どのくらいの金額なら受け入れられるか、考えたうえでの価格設定です。

タテウチ　ヴィッツはトヨタから環境を打ち出したいのに、よくやりましたね。商売を考えるとある種のイメージリーダー的存在です。

加藤　ヴィッツ　商売を考えると厳しいのに、よくやりましたね。やはりヴィッツから環境を打ち出したいと考え、アイドリングストップを推進したということです。

タテウチ　メインの車種であるヴィッツでやれば、アイドリングストップも当たり前になるということですね。それに、ヴィッツでできれば、ほかの車種でも難しくない。

加藤　アイドリングストップ自体は、エンジンを止める、始動する、という話なんで、技術的にはそれほど難しくありません。また、ハイブリッド車で使った技術でもあります。そういう技術をトヨタは蓄積しているわけです。

サトー　ヴィッツのアイドリングストップ機構にはハイブリッド車のノウハウも活かされているのですか？

加藤　たとえば、エンジンを切ると油圧がなくなってブレーキが重くなりますが、油圧を少しだけ貯めておけば問題

が起きないとか、そういう仕組みが完成しているんです。

**タテウチ** 高価格車はハイブリッド、そしてヴィッツなどあまりコストをかけられないベーシック車はアイドリングストップだけに機能を限定する、そういう展開はアリですよね。

**加藤** ハイブリッドが安くなればいいんでしょうけれど。

**タテウチ** でも、過渡期にあっては価格で棲み分けをすると広く行き渡ると思うんです。

**加藤** 確かに、作るだけでなく普及させることが重要だと認識しています。もうちょっとコストをなんとかして、アイドリングストップ機構がABSのように全車標準になればいい、と開発担当者としては考えています。

**サトー** こういうところに補助金が出るといいですよね。お客さんが支払ったコストをガソリン代で取り戻すのは難しいですから。

**加藤** それは本当に助かります。

**タテウチ** 京都議定書でCO₂の排出量を1990年レベルの6％引き下げることになりました。いま、日本中のクルマ全部がアイドリングストップをすると、6％のうちの1％が達成できるんです。それほど効果は大きいんです。

## Watch out!

舘内 端

### トヨタは本当におそろしい

クラウン・コンフォートのアイドリングストップ装置に対して、前出の金閣タクシーさんからは、MT車にアイドリングストップ装置がほしい、アイドリングを止めてもエアコンが効くと嬉しいという要望が出されていた。

一方、乗用車の9割以上がATである。自動車における$CO_2$増大の主犯である乗用車にアイドリングストップ装置を付けるとなると、AT車への装着がぜひとも必要だ。また、キーを切ってアイドリングストップするとわかるが、エンジンを止める度にオーディオやカーナビの電気が落ちてしまう。これも問題だ。

トヨタは、それを見越してか、クラウンのAT車にアイドリングストップ装置を付けた。クラウン・マイルドハイブリッドである。コンフォートのプラス5万円に対して、こちらは15万円高だ。そのまま、低価格帯のヴィッツに付けたのでは、価格の上昇率が高すぎて、お客様に振り向いてもらえない。

ヴィッツには、すでにMT車にアイドリングストップ装置が付けられている。これはどちらかというとMT車の多いヨーロッパ向けである。日本には上記の理由で、あまり向かない。AT車であること、エアコンが効くこと、カーナビ等の電気が落ちないこと、コストがあまり高くならないこと。以上4点を考慮した結果が、ヴィッツのインテリジェント・アイドリングストップシステムに結実した。

成功の鍵は、独自のリチウム・イオン電池の開発である。トヨタはまた一歩、他社をリードした。この効果が絶大であることを、やがて他社は思い知らされることになるだろう。

# 働くクルマは頑張る（バス・トラック篇）

ディーゼルエンジンを搭載し、時として黒煙を吐き出すバスやトラックは、環境問題を語る際に悪者扱いされることも少なくない。しかし、トラック物流やバスという移動手段がなければ、われわれの快適な暮らしの多くが損なわれることになる。つまりトラックやバスが抱える問題は、われわれの問題でもある。ハイブリッドバスの開発に成功した日野自動車で、同社パワートレーンR＆D部HIMR開発担当部長の小池哲夫氏と同チームリーダーの清水邦敏氏に話を伺う。

日野自動車のディーゼル電気ハイブリッドバス、HIMR（Hybrid Inverter Controlled Motor&Retarder System）。床下に積まれたバッテリーが供給する電力でモーターを回し、ディーゼルユニットをアシストする。HIMRを搭載した車輌は、同社の従来型と較べて、NOx34％、黒煙56％、パティキュレート（粒状性物質）55％を削減し、燃費10〜15％の改善を実現した。HIMRバスが221台、HIMRトラックは42台がすでに販売されている。

# バスの屋根で風力発電？

**サトー** これは自分で反省しなければいけないんですが、ぼくにはトラックやバスを悪者あつかいしている部分があります。けれども、ぼくらもバスに乗りますし、トラック輸送がなければ生活が成り立たない。そこで、商用車メーカーはどのような取り組みをなさっているのかが知りたくてお邪魔しました。日野自動車は日本初のハイブリッド商用車を作ったメーカーですよ。いつ頃から始めたのですか？

**小池** ずっと昔に遡るんですよ。確か昭和46年に、名古屋市の交通局と協力して電気バスを作ったんですね。

**サトー** そんなに昔からおやりでしたか。

**小池** エンジンがなくて、バッテリーが供給する電気でモーターを回す、ピュアな電気自動車でした。ところが、見事に失敗しまして。バッテリーが3・5トンもあったんですね。前日の夜から朝方まで充電しまして、午前中は元気がいいんですが夕方になるとヒヤヒヤ。バッテリーを運んでいるようなものですから。ただし、加速はよかったもので、電気のメリットがなんとなくわかりました。

**サトー** 電気で動かすモーターは、エンジンと違って回転を上げなくてもトルクが出ますもんね。

**小池** そうなんです。大型四輪車を動かすにはなかなか都合が良いな、ということがわかりました。いまのようにリチウム・イオンやニッケル水素のバッテリーが実用化していないような時代で、なかなか難儀な船出でしたけれど。

**タテウチ** そうか、鉛の電池しかなかったんだ。

**小池** それで電池が大きく重くなったわけなんです。

**サトー** 普通に考えると、そこで諦めると思うのですが。

**小池** それは経営陣の判断でしょうね。その頃からエネルギーを有効活用しようという話し合いは継続しまして、明確に「この方向だ！」という答はでなかったんですが、役員をまじえて議論は続けていたんです。風力を使おうということで、バスやトラックの屋根に帆を立てて風を受けたり、とにかくどんなものでも可能性は探っていました。

**タテウチ** そのときに参加したかったな。クルマの屋根で風力発電なんて面白そうですもん。

**清水** 私どもがHIMR（Hybrid Inverter Controlled Motor＆Retarder System）と呼んでいるハイブリッド車の開発は、1980年代の初頭に始まりました。東芝さんに協力してもらうようになって、モーターの性能が飛躍的に

向上してから開発が加速しました。ハイブリッドのバスを東京モーターショーに出展したのが89年、実際に路線バスとして使われ始めたのが91年です。

**サトー** その頃はバブル期でしたから、燃費はあまりうるさく言われていなかったと記憶しています。また、排出ガスや黒煙についても現在ほど問題にはされていなかったと思うのですが、モチベーションの源は何だったんでしょう？

**清水** メーカーとしてやらなければならないという義務もありますが、一番大きいのはお客さんからの要望でしょうね。商用車ですから、お客さんはそれで飯を食っているわけです。だから燃費が悪いというのは死活問題になる。

**タテウチ** 今月は出費が多くてガス代がないからドライブはやめよう、というわれわれとは状況が違いますもんね。

**清水** バス会社だったら、黒煙を吐くと付近の住民から苦情が出て、その路線から締め出されるかもしれません。

**サトー** 乗用車のユーザーより切実な問題なんですね。

**清水** ちょっとぐらい燃費が悪くてもスピードが出るからいいや、という声はあり得ないです。燃費競争は非常に厳しいです。われわれのテストコースにトラックのドライバーさんをお呼びして、燃費がよくなる運転方法の講習会を

頻繁に開いていますが、みなさん非常に熱心です。

**タテウチ** 神奈川県のトラック協会のかたと話をすると、燃費や排ガスについてものすごく切実に考えている。

**清水** 91年に初めてハイブリッドのバスを8台納車したんです。ほとんどが東京都の都営バスなど公営のバス会社だったんですが、1台だけ100％民営の奈良交通さんという会社が買ってくださったんです。行政から補助金が出るわけでもないのに、手を挙げてくださった。われわれが取り組んでいたことが理解された、と勇気づけられると同時に、英断だと思いました。奈良交通さんは、当時の経営者のかたが環境問題に非常に熱心だった記憶があります。

## 生活をかけた環境問題

**サトー** HIMRトラックがどのようなものか、実車を見ながら説明していただきましょう。

**小池** 運転操作は通常のものとまったく違いはありません。バスにしろトラックにしろ、操作は変わらないというのが市場で受け入れられる最低条件なんですね。

**サトー** キーンという音が聞こえますが、何の音でしょう？

**小池** モーターの磁気音です。電車の音に似ていませんか？

76

サトー　ブレーキをかけて停車するときの、「ムニュー」という音も電車に似ています。

小池　回生ブレーキで制動エネルギーを回収している音ですから、基本的な仕組みは電車と同じですね。

タテウチ　停まるときにアイドリングストップを回避する仕組みだ。

小池　電気自動車のバスを作ったときには停まるときのエネルギーを垂れ流していたんですが、有効活用しています。

タテウチ　バスやトラックは大きくて重いから、乗用車よりも回生ブレーキの効果が大きいんですね。

サトー　モーターや回生ブレーキの採用で、ドライバーのかたから違和感を感じるという意見は出ませんでした？

小池　弊社のテストドライバーから「違和感がない」という言葉を聞かないと、開発は終わりませんから。

サトー　業務に使っているドライバーのかたの意見は？

小池　静かで煙が出ないという意見は共通しています。ドライブフィールに関してはいろいろですね。力があるというかたもいれば、パワーが足りないというかたもいる。そういえば、HIMRトラックのドライバーさんからはこんな声を聞きました。いままでは高速の料金所のおじさんに黒煙を浴びせるのが申し訳なかったけれど、煙が出ないから心が痛まない、と。この意見は複数のかたから伺いまして、開発側としては嬉しかったですね。

清水　バス停で待っているかたのインタビューもしたことがあります。やはり静かで煙がないことが高く評価されました。

タテウチ　商用ハイブリッド車を作る場合、バスとトラックはどちらが簡単ですか？　バリアフリーでバスは床が低くなっていますから、バッテリーを積むスペースがあるのでトラックのほうがやりやすいのかな、と思うのですが。

清水　構造的にそういうことは言えると思います。ただし、10トンを超す大型トラックだと高速走行が主になるんですね。現時点では、ハイブリッド車のメリットは高速走行ではなくストップ＆ゴーの連続で顕著なんです。そういう意味で、市街地でコンビニに荷物を配送するような2トン、4トン程度のトラックのほうがハイブリッドの効果が期待できます。同じように、路線バスはストップ＆ゴーの連続ですから、ハイブリッド採用のメリットは大きい。

サトー　バスとトラックで、求められる性能は違いますか？

小池　基本的には同じです。バスの場合は空車で10トン、

満員だと14トンですね。トラックだと10トン車の場合は満載で20トンですから、それほど変わりません。ただし、どちらかと言えばバスの乗務員さんの意見のほうが厳しいですね。乗務員さんは常に乗客のかたの心配をしていますから、たとえばブレーキのフィールが少し違っても指摘があります。車内事故になると大変ですから、滑らかに運転できないものは認められないのでしょう。

**タテウチ** 遊びじゃなくて、生活がかかってますもんね。屋久島に都会から大学の先生が来て、自分の都会での生活は放っておいて、貴重な自然だから開発をやめて自然を保護しろ、とガンガン言うんですって。けれども地元の人たちは自然を壊せば生活できない、生活するには開発もしなければならない。ギリギリのところでやっているわけだから、東京の先生の言うことは「お気楽」で「勝手」な話に聞こえるそうです。商用車や職業ドライバーに対して自動車評論家が無責任に「環境問題だ」って言うのもよく似た構図なんです。みなさんもそう言いたいでしょ。

**小池** 私たちがそれを言うわけにはいきません（笑）。ま、いろいろやってるんで楽しみにしていてください。

# Watch out!

舘内 端

## 金儲けのためだけに人生を捧げるのか？

1995年であったか失念したが、日野自動車にお招きいただいて、講演をさせていただいた。講演の内容は今でいえば次世代車についてであり、EVについて存分に話をしてほしいということだった。正直にいってひるんだ。というのも、当時、手作りのEVを作って低公害車の普及活動を始めた私は、業界からさまざまな嫌がらせにあっていて、またいじめられるのではと萎縮してしまったのだ。

それで、失礼ながらと講演依頼の真意をお尋ねすると、トラック、バスの環境問題について大変憂慮していると、実に真摯なお答えが返ってきた。私は、少々のいじめで腰が引けていた自分が恥ずかしくなると同時に、担当の方から勇気をいただいたと思った。

日本の自動車は、むしろ商用車から変わって行く。私はそう思っている。前出の金閣タクシーしかり、日野自動車しかり、神奈川トラック協会しかり、立山開発鉄道しかりであって、生活がかかっているからである。

これまでは、生活とは事業者の生活、つまり営業収益であった。このことは今も変わりがないが、営業収益を上げるには、消費者、発注者の生活まで考えざるを得なくなっている点が、かつてとは大きく異なる。

もうひとつ、見逃せないのは、担当者のモチベーションだ。環境対応技術の開発者は、どこにいっても溌剌としている。単に儲けだけを狙った仕事や、意味のない仕事に自分の人生を捧げるのは、なんともやりきれない話である。従業員のやる気を引き出せるかどうか。経営者には新しい視点が必要だ。

# ころがり抵抗勢力の主張

トラック、レーシングカー、電気自動車……、どんなクルマでも必ずタイヤを履く。そして、時速100キロで走行したときにクルマが受ける全抵抗のうち、20％はタイヤの抵抗だという。つまり、タイヤが変わればクルマも変わる。横浜ゴムPCマーケティング部の伊藤邦彦氏と白井顕一氏に、エコタイヤDNA誕生の秘密と、タイヤと燃費の関係について伺う。

横浜ゴムのエコタイヤDNAは、グリップ力の向上と、ころがり抵抗低減による省燃費という二律背反を解決するように設計された。具体的には、カーボンとシリカという「水と油」の素材を、最初から結合させる技術が鍵となっている。

## 売れないはずが大ヒット

**サトー** タイヤで燃費がよくなると聞いて伺いました。

**白井** 走行状態によって燃費が向上する割合はケース・バイ・ケースですが、はっきりとよくなります。弊社のDNAタイヤはころがり抵抗を従来品より10％下げているのですが、社内データでは従来品に較べて2〜3％は確実に燃費が向上します。10・15モード燃費の計測を依頼した際にも、1〜2％の向上が見られました。実は一般道を走るほうが改善の幅が大きくて、都内と仙台の往復では3〜5％も燃費がよくなりました。

**サトー** 燃費がよくなる理由は何でしょう？

**白井** 100km/hで走行しているときにクルマが受ける抵抗のうち、タイヤのころがり抵抗は20％もあります。あとは、空気抵抗が65％、部品の内部摩擦の抵抗が15％ですから、タイヤの占める割合は大きいのです。

**サトー** エコタイヤの開発はいつから始まったのでしょう？

**白井** スタートは古くて、オイルショックの頃からです。

**伊藤** DNAというコンセプト、つまり高品質のタイヤほど燃費がいい、というテーマをスタートさせたのが199

6年で、実際に商品となったのは98年ですね。

**タテウチ** 京都会議が97年だから、それは早かった。

**白井** 次代の横浜ゴム製品をどのような方向にするのか、というミーティングを96年に行いまして、やはりこれからは環境がキーワードになるだろうという結論になりました。ただし、当時はまだ環境への関心が薄く、市場調査をしても省燃費タイヤのニーズはほとんどありませんでした。

**タテウチ** マーケティングでは×だったけど、やったんだ。

**白井** 市場調査は大事ですが、それを鵜呑みにするのでなく、その人たちに3年後、5年後に何が必要になるのかを考えました。DNAは弊社の高価格製品から導入したので、社内的にも、販売店などの社外からも抵抗はありましたが、

**タテウチ** いざ出したら大ヒット。やってよかったですね。

**サトー** 御社のエコタイヤDNAと、他社製品との違いは？

**白井** 当時、ころがり抵抗の低いタイヤはグリップしないだろうと思われがちだったのですが、エコタイヤDNAは省燃費でしかもグリップすることを打ち出しました。

**伊藤** エコタイヤだからといって、燃費性能だけをアピールするのは面白くないだろうと。だから、ウェットグリップだとか音の静かさだとか、そういう性能をあわせて「カ

白井　タイヤのころがり抵抗低減に関してはヨーロッパのほうが進んでいて、いくつかの商品が市場に出回っていました。けれども、エコといってもエコノミーに近い感じで、汎用で量が出る商品が主流でした。

伊藤　さきほど、96年に今後の横浜ゴムを考えるミーティングがあったとお話ししましたが、その直前に社内でプロジェクトチームが結成されたんです。販売に詳しい人間、宣伝のスペシャリスト、あるいは白井のように設計の専門家などの5名で、企画から製造、販売、宣伝までが完結するPROチームです。そして、これから横浜ゴムはどういう会社になるのかを提案することを命ぜられました。このチームで市場調査や討論を重ね、「次の時代は環境しかないだろう」と考え、押し切った形ですね。

タテウチ　NHKの『プロジェクトX』みたいだ。たとえば、トヨタも同じなんです。プリウスを出すときに抵抗勢力もいたけれど、出してみたら予想の2倍も3倍も売れた。

サトー　96年当時と較べて意識が変わったと感じますか？

白井　はい。市場調査をすると、ウェットグリップや走行時の安心感などが大事だというのは相変わらずなのです

ッコいいエコタイヤ」を作ろうと考えました。

が、以前はランク外だった「燃費」や「耐摩耗性」といった項目が必ずトップ5に入るようになりました。漠然と「環境に良い」というものもスコアが伸びています。ま、環境への意識だけではなく、経済状況もあって省燃費はお財布に優しいという部分もあるでしょうが。

## FCもEVも、タイヤだけは必ず使う

サトー　DNAの技術的な特徴を伺います。

白井　ころがり抵抗を下げることとは、技術的にそれほど難しいことではありません。ころがり抵抗を下げるということは、タイヤの発熱量を下げるということですから発熱しないゴムを使えばいい。しかしそれではウェットグリップが失われます。そこで抵抗は小さいけれどグリップは上げる、という相反する性能の両立が要求されるわけです。

サトー　すると、タイヤの構造にまで話が及びます。

白井　タイヤのゴムというのは、2トン近い重量で280psを超えるようなパワーを持つクルマにも装着され、アスファルトの地面にこすりつけられながら数万km も走らなければなりません。このためにゴム製品としては非常に高い強度が必要とされます。そこでゴムに補強剤としてカー

ボンを混ぜて加硫という工程を行うことによって強靭なものとしています。ちなみに、カーボンが混ざっているためにタイヤは黒いんです。そして、カーボンとは別にシリカという珪砂という砂から採れる物質を混ぜるのがいまの技術的トレンドです。

サトー　シリカの役目とは？

白井　シリカは燃費を良くすることもグリップだけを上げることもできる素材で、その配合バランスがポイントなんです。魔法の素材のようなシリカなのですが、弱点としてゴムに混ざりにくいことがあります。シリカは水溶性で、いっぽうカーボンは油ですからまさに水と油、ちゃんと混ぜないとダマになってしまって性能が発揮できないどころか、逆に耐摩耗性が悪くなってしまったりもするんです。

サトー　カーボンとシリカを混ぜることが可能になった。

白井　混ぜることも一所懸命やったのですが、限界がありました。そこで「合体ゴム」と呼んでいるのですが、シリカとカーボンを最初から結合した新素材を混ぜたゴムを開発しました。これは世界的に特許を取っています。走行状態によって、発熱量をコントロールすることができるのが「合体ゴム」の特徴です。一定速度でまっすぐ走っているよう

な通常走行ではシリカの発熱量を抑え、主にカーボンで発熱しグリップさせることによってころがり抵抗を下げます。そしてコーナリングや止まるときなどゴムに激しい振動が加わるとシリカが目覚め発熱し、グリップをより高めます。通常走行では、曲がったり止まったりする時間より も、一定速度で走る時間のほうが長いですから、止まるときのグリップ力を上げながらトータル燃費はよくなる仕組みです。

タテウチ　凄い。ハイブリッド車と同じ仕組みだ。

白井　とはいえシリカにはほかにも弱点がありまして、摩耗に弱いんです。タイヤが早く減ってしまう。そこで、カーボンのグレードを良くして、さらにシリカとカーボンの結びつきを強めるようなタイヤを開発してもらいました。

サトー　開発スタッフのお話が出ましたが、社内の雰囲気はDNAを出したことで変わりましたか？

白井　私はもともと設計の立場だったので、ころがり抵抗を10％下げてグリップ力を確保することの難しさはよく知っています。DNA開発の初期には、テストドライバーや設計者から「こんなのできない」と言われ、衝突もしました。それが最近はドライバーも設計者も、ころがり抵抗を

伊藤　逆に、ということを技術スタッフのほうからMUST項目で開発してくれます。なんて聞かれて、世の中が変わりつつあると実感します。

白井　「環境じゃタイヤは売れない」と言っていた営業も、いまでは「環境タイヤメーカーのナンバーワンでぶっちぎりたい」と。DNAブランドがタイヤの売り上げの半分近くになって、エコタイヤのメーカーというプライドが社内にじわじわ浸透しているようです。

サトー　これからのタイヤはどう進化するのでしょうか？

白井　ミニバンの攻勢という問題があります。ミニバンは重いうえに空気抵抗が大きくて、燃費やタイヤの摩耗にとっては難敵です。さらなる省燃費と耐摩耗性を追求します。

伊藤　また、ハイブリッドも電気自動車も燃料電池車も過渡期にあっては重いでしょう。ですから、慣性が大きくてもウェットできちんと止まれるタイヤにしないといけない。

サトー　原動機の形が変わっても、タイヤは必要ですね。

白井　そうです。いまのところ、衝撃の吸収や設計の自由度といった面から、ゴムに替わる素材は見つかっていませんから、タイヤはずっと使われると思います。そして、これまで以上に重要な役割を果たすだろうと認識しています。

# Watch out!

舘内 端

## 環境運動には手を出すな？

　市民とか自動車評論家が環境運動をやるにしても、周囲は抵抗勢力だらけで、けっこう上等ないじめに遭い、隣近所、知り合いからシカトされるわけで、仕事はなくなり、隣近所とおつき合いもできなくなり、結局、挫折してしまう。

　企業が環境運動をやるとなると、これは企業の命運を賭けるわけだから、挫折では済まない。よほどの勇気と戦略と決心がいる。（保身を信条とするなら）、環境運動には手は出さないほうがよい。

　ということで、環境運動に無関心を決め込む企業の経営者は腰抜けだと思ってよい。そんな企業にお勤めであれば、いわれる前に？おやめになるべきだろう。なぜって、そんな企業がこれからの世界で生き残れるはずもないからだ。

　というのは、昔話である。ヤル気ムンムンの環境戦士たちが、そうした暗黙の環境運動自粛バリヤーを突破した。その結果、「本当は、私もそう思っていたのです」という、ちょっと臆病だけど、和を大切にしてきた多くの人たちを一気にその気にさせてしまう。めげずにがんばった環境戦士たちが、そうした人たちを「やればできる」と大いに勇気づけるのだ。

　何人かの人たちが、そろそろと声を上げる。で、一気になだれ込む。このパターンが環境対応企業には増えてきた。横浜ゴムのエコタイヤ戦略もその良い例であり、勇気を持って推進した経営トップの判断もたいしたものである。

# クルマの燃費は、ガラスでよくなる

2002年に発表された、トヨタ・アルファードと日産エルグランドに、赤外線をカットするガラスが世界で初めて採用された。優れた断熱性能を有し、燃費改善にも効果的だという赤外線カットガラスを開発した旭硝子を訪ねた。断熱ガラスの効果と完成までの苦労話を聞かせてくださったのは、同社日本・アジア技術開発部長の大庭和哉氏と営業部自動車機材グループの村野忠之氏である。

ガラス面積が大きくなるミニバンにとって、断熱ガラスがもたらす効果は大きい。写真は、旭硝子のIRカットガラスを採用した、トヨタ・アルファード。

# 社員が裸で日光浴

サトー　まず、御社が発表したIR（赤外線）カットガラスの具体的な効果について教えてください。

村野　簡単に言うと、断熱性能を高めたガラスです。ガラスの性能をお伝えするのは難しいのですが、ふたつの具体例をあげて説明しましょう。ひとつは、ハンドルの温度です。真夏の炎天下に駐車すると、通常だとハンドルの温度は60度C近くになります。しかし、IRカットガラス採用車は50度C以下ですから、約10度Cの温度差がでます。

タテウチ　そりゃ大きいな。

村野　もうひとつ、炎天下の車内温度が大体45度Cなのですが、快適温度の25度Cに下がるのに要する時間を計測しました。従来のガラスだと20分かかっていたのが、IRカットガラスを用いた車両は10分と、半分以下になりました。

サトー　エアコンの負荷が小さくなり、燃費にも効きます。

村野　はい。性能に優れた断熱ガラスがあれば、エアコンの負荷が減ることから燃費も改善されます。

タテウチ　ユーザーは快適だし、自動車メーカーも燃費改善が謳えるし、$CO_2$は削減できるし、いいことだらけだ。

サトー　IRカットガラスとUVカットガラスとの違いは？

村野　UVというのはご存じのとおり紫外線です。これをカットすると日焼け防止になるのですが、車内の温度を下げたり皮膚がジリジリする感じを除くには、中赤外線をカットしなければならないことがわかりました。日本にはフロントウィンドウと前席サイドウィンドウは光が70％以上透過しないといけないという決まりがありますし、携帯電話等の電波事情なども考えないといけない。そういったことも含めると、中赤外線をカットするのが最も効果的でした。

サトー　それは、御社の実験の結果ですか？

村野　そうです。われわれは素材・部品産業なので、エンドユーザーであるコンシューマー産業ではないので、エンドユーザーである人間の生理的な部分の研究はそれほどやっていなかったのですが、IRカットガラスに関しては肌の研究から始めました。人間は光が当たるときにどのように熱さを感じるのかということを、科学的に解明し、数値化しようと考えたのです。300人の手の甲に人工太陽灯をあてたり、体にいくつもセンサーを貼って屋上で日光浴したこともあります。社員が裸になって体にセンサーを貼ってクルマで走ったり。

タテウチ　自動車メーカーに依頼されて研究したんじゃな

くて、自分で作りたいガラスを開発したということですね。

**大庭** おっしゃる通りで、運転している人が太陽光をどのように感じているのか、そこから始めたわけです。JISには日射透過率という指標がありまして、どのメーカーもこれをベースに考えてガラスを開発しています。けれども、日射透過率というのは「日射エネルギーを何％透過するガラスか」という物理量のみの評価でした。この評価だけでユーザーの心理的不安を取り除くことが難しいと考えたのです。JIS規格にあわせるだけでは、エンドユーザーがどう感じているのかを無視したモノ作りになってしまう危険性があることから、生理指標を用いました。

**村野** そこで、SHF（スキン・ヒーリング・ファクター）という独自の指標を新たに考案しました。化粧品などでUVカットの指標となるSPF（スキン・プロテクション・ファクター）も、どれだけ日焼けする時間を先延ばしにするのかという指標ですが、似た考え方のものです。

**タテウチ** よりお客さまのことを考えた製品作りですね。

**村野** そうです。人間の皮膚感覚は人それぞれで、暑さを感じる度合いも人によって異なります。いっぽう、誰にでも共通する不快感というものもあります。皮膚温度が1度C上がるとジリジリし、不快に感じるんです。39度Cだとぬるい、41度Cじゃ熱すぎる。

**タテウチ** お風呂がそうですね。1度C違うと大違いですもんね。

**村野** 実験を繰り返して、人間は敏感だと感じました。それで、皮膚温度が1度C上昇する時間をできるだけ長く引き延ばすことがテーマとなりました。真夏だと、ガラスがないと13秒で皮膚の温度は1度C上がります。乗用車のグリーンの合わせガラスだと1度C上昇するのに30秒、濃いグリーンの高断熱ガラスだと40秒かかります。IRガラスは60秒を目標にして、これを達成しました。60秒というのは、市街地での信号待ちの時間をターゲットにしています。

## もっと横の繋がりを

**サトー** IRカットガラスは、技術的なイノベーションがあったから可能になったのでしょうか？

**大庭** 特に新しい発明があったわけではなくて、従来ある材料を組み合わせています。ただし、従来技術を右から左に流せば出来るのかといえばそれほど簡単ではなく、従来技術の組み合わせにわれわれのノウハウがあります。

村野　基本的には、従来の自動車用ガラスと同じように合わせガラスを用いています。合わせガラスというのは、2㎜と2㎜のふたつのガラスの真ん中に、0・8㎜の中間膜があるものです。その膜にとある材料を混ぜて、特定の波長をカットするガラスを作っています。

大庭　混ぜモノだけでなく、ガラスに金属膜をコーティングする方法もあるのですが、金属は電波に影響を与えるので携帯電話が使えないという問題がありました。

村野　ただ、中間膜に混ぜものをすると、"白ボケ"と呼ばれる症状が発生し、視界が悪くなることがあります。するとフロントウィンドウには使えない。技術的には、そこの解決が難題でした。

大庭　課題を克服するために混ぜモノの混ぜ方、濃度や粒子の形状を考える。これがわれわれのノウハウです。

サトー　住宅やオフィスビルなどにも応用できそうですね。

村野　クルマの場合は光の透過率を70％以上確保することが法で定められています。住宅用だとそれがないので、断熱性を上げるにはもっと暗いガラスが使える、ということがあります。明るい光を確保した上で断熱性能を上げたいという希望もあるでしょうから、可能性はありますが。

サトー　IRカットガラスのコストはいかがでしょう？

村野　いくらするかは申し上げられないのですが、何倍もするようでは使っていただけません。ガラスというのは量によってかなり価格が左右するんです。中間膜というのも工場で見ると川のようで、材料を融かしてザーッと流して作ります。つまり、量産効果が顕著なのです。

タテウチ　御社は自動車ガラスで世界一のシェアですね。ということは、海外でもIRカットガラスが普及しますか？

村野　欧米でも事業を展開していますが、面白いのは光に対する反応に国民性の違いが表れることですね。肌がジリジリすることに関する敏感さでは、日本人が一番です。

大庭　IRカットガラスに関しては、特に日本人女性からの反響が大きいですね。よくぞこういう商品を作ってくれた、これを待っていたと、そんなお便りをいただきます。

サトー　IRカットガラス普及のためには、「燃費が何％改善された」というデータがあるとわかりやすいのですが。

村野　残念ながら、その数字は持っていないのです。正確に言うと、自動車メーカーから教えてもらえない。

大庭　自動車メーカーが実際にテストして、「燃費に効果

タテウチ 的、コスト的にも安い」ということで採用していただいていますね。だから性能には問題がないのでしょう。けれども、燃費の詳細については各自動車メーカーさんのノウハウもあって、普通は開示されません。

タテウチ ほかの部品メーカーさんでも似たような話を聞きますね。みなさんは言いにくいかもしれませんが、部品メーカーの横の連携がないし、自動車メーカーにも統括する部署がない。ここが有機的に繋がると、飛躍的に燃費が向上すると思いますよ。たとえばエアコンメーカーと断熱ガラスのメーカーが協力すれば、もっと燃費に効果が出る。

村野 そういう可能性は大いにあると思います。

タテウチ ウチの技術力であのクルマの燃費を何％改善できた、と思えれば、みなさんのヤル気もでますしね。旭硝子さんは、カーペットなんかの断熱材もおやりですよね？

大庭 やっております。

タテウチ だから屋根もフロアもダッシュボードも、トータルで断熱できるメーカーさんなんですよ。道路からの照り返し、天井に受ける直射日光、窓から入る紫外線や赤外線などをトータルにコントロールできる。これからは燃費改善、$CO_2$削減の時代ですから、お仕事が増えますよ。

## Watch out!

舘内 端

### 言われないことをやるメーカー

2003年3月にヨーロッパを視察した際、「ヨーロッパでもエアコンの装着率が上がっている。この省エネ対策が必要になっている」とのことだった。地球は暑くなり、ヨーロッパのクルマ事情も日本と似てきたようだ。

10・15モード燃費、いわゆるカタログ燃費と実走行燃費に大きな差があることは、すでに知られて久しい。地球温暖化を遅らせるには、カタログ値ではなく、実際に$CO_2$を減らさなければならない。そのためには、やはり実走行燃費の改善が必要だ。とくに、エアコンをガンガン効かせる夏場の燃費削減を図る必要がある。

それには、エアコンを電気化して効率を上げるだけではなく、車体の断熱性を高める必要がある。こんなことは住宅の冷暖房を考えれば自明だが、自動車ではほとんど考えられなかった。また、住宅に比べると自動車は窓の面積が広いから、ガラスの断熱性を高めるのが有効である。

そこに目をつけた旭硝子は立派だ。しかも、自分たちで率先して実験し、開発した点を評価したい。これからの部品メーカーの鑑だ。

ともすると、これまでの部品メーカーは、カーメーカーから注文書と設計図あるいは設計仕様書が届くのを待っていた。そして、言われたことしかやらなかった。しかし、グローバリゼーションの今日、それでは生き残れない。自分たちでニーズを発見し、自分たちで目標を設定し、開発する姿勢が大事だ。そして、ニーズは環境対応技術、商品にあるとつけ加えておこう。

## $CO_2$ が森を育てる

地球温暖化防止の観点からいえば、$CO_2$ は悪者である。けれども、植物は $CO_2$ を必要とする。植林を支援することで $CO_2$ を森に吸収させ、地球温暖化を防ぐ取り組みを行うコスモ石油を訪ねた。同社環境室長の桐山浩氏に、$CO_2$ 排出権とは何か？という基本からお話を伺う。

コスモ石油は、オーストラリアの西オーストラリア州にあるユーカリ林5100ヘクタールが1年間に吸収する $CO_2$、2万4000トンの排出権を取得した。排出量の算定にあたってはオーストラリア政府の温暖化対策機関であるAGOの算出式を使用し、フィンランドの検証機関 Jaakko Pöyry Consulting 社が検証した。写真は、本文中の講演会で販売された $CO_2$・1トンぶんの「二酸化炭素吸収証書」。

## $CO_2$排出権って何だ?

**サトー** 御社がオーストラリアでの植林を支援しているというお話の前に、まず$CO_2$の排出権とは何か? という部分から伺います。

**桐山** ご存じの通り、日本は京都議定書を批准しました。つまり、1990年レベルに較べて$CO_2$の排出量を6%引き下げると国際公約をするわけです。けれども、日本はどうやら公約を守れそうにない。経団連が自主行動計画を発表していますが、現時点では産業界がどう動くか、明らかではありません。あるいは、$CO_2$を排出できるという権利を、$CO_2$排出量に余裕がある他国から買わなければならなくなるかもしれない。

**サトー** 日本では産業部門での$CO_2$排出量は増えていなくて、民生と運輸で増えています。

**桐山** その通りで、オイルショック以降、日本の産業界は世界でもトップレベルの省エネを推進してきました。費用対効果という面でも、これ以上、自助努力で$CO_2$削減を行うのが難しい状況です。そこで登場すると思われるのが、$CO_2$の排出権を売買するという方法ですね。

**サトー** 排出権のお値段は、どのくらいでしょう?

**桐山** 現時点では、まだ排出権のマーケットはありません。非常に高価になるという人もいれば、物凄く安いという人もいます。2ケタくらい違います。そこで昨年、われわれは排出権のオプション契約を結びました。

**サトー** オプション契約とは?

**桐山** 排出権を買う権利を買う、というものです。将来的に、$CO_2$排出権が高価になったときにはこの権利を行使して$CO_2$を排出してもいいという権利を買います。もし$CO_2$排出権が予想より安ければ、オプション契約を行使せずにマーケットから買います。

**サトー** $CO_2$排出権のオプション契約というのは、すでに一般的になっているのでしょうか?

**桐山** オプション契約じたいは世界的にも珍しいと思います。この規模では、おそらく世界初でしょう。

**サトー** このオプション契約と、御社がユーカリ植林を間接的に支援することの関係を、教えてください。

**桐山** まず、オーストラリアに植林事業者がいます。彼らは土地だけを持っていて、投資家を募って資金を得てユーカリの苗木を植林しています。苗木が成木になって売れる

90

と、投資した人は木の部分の儲けを得ます。そしてわれわれはユーカリ林が吸収・固定化する$CO_2$を買う、というイメージです。

**タテウチ** 植林業者にお金を払うことで、間接的に支援するわけだ。

**桐山** そういったビジネスがオーストラリアにあるんです。

**サトー** 御社が取得した$CO_2$の排出権を数字で表すとどの程度になるのでしょう？

**桐山** $CO_2$換算で2万4000トンです。正直に申し上げて、大した数字ではありません。ガソリンを1キロリッター燃やして発生する$CO_2$が2・3トン、重油1キロリッターで3トン。$CO_2$の2万4000トンは、重油800キロリッターを燃やす程度です。

**タテウチ** でも、植林っていうのはいいポイントだと思うんです。クルマ好きの中にも地球温暖化などを気にしている人は結構いて、何をしたらいいか相談されます。省エネ運転、アイドリングストップ、クルマに乗らない……、いろいろあるんですけれど、植林をすると樹木はこれだけ$CO_2$を吸収するよ、という話をするととたんに目が輝く。

**桐山** それで、実際に2万4000トンぶんの$CO_2$排出

権を行使してみようという話になりまして、コスモ・ザ・カード「エコ」という会員向けに使ったんです。このカードは、毎年500円を環境貢献プロジェクトに寄付していただくというカードなのですが、1年で5万人くらいの会員が集まったんですね。

**サトー** 余分に500円を払う人が5万人もいるのですか。

**桐山** ええ、グリーン・コンシューマーというのは日本で確実に育っていると実感しました。そして、コスモ・ザ・カード「エコ」会員の方が2002年12月に使ったガソリンから出る$CO_2$はオーストラリアのユーカリ林に吸収されますよ、という案内をしたところ、なかなか好評でして。

**タテウチ** 植林は環境問題解決に前向きな方法ですから、支持する人も多いのでしょう。でも、これは知的な作業です。自分が出した$CO_2$が海を渡ってオーストラリアのユーカリ林で吸収されることを理解するには、地球規模のものを考えて、さらに自分の行動にあてはめる必要がある。

**桐山** 環境活動の一環として、弊社はアルピニストの野口健さんの講演会を行っていますが、そこでも$CO_2$排出権1トンを、証書を付けて売ってみようと考えました。1トンあたり500円で90トンを用意すると、完売しました。

タテウチ　面白い方法ですよね。本当はみんなが植林をするといいけれど、体の弱い人もいるし、植林のために遠くから飛行機で$CO_2$をバンバン出しながら来たら何のための植林か意味がわからなくなりますし。

## 環境問題はモラルでは解決しない

サトー　こういった事業は社内の理解を得るのが大変じゃないですか？　利益に直結するものではありませんから。

桐山　それがラッキーなことに、弊社の岡部敬一郎社長のトップダウンなのです。社長の環境意識が一番高くて、われわれ社員がそれに引っ張られました。

タテウチ　そりゃ話が早いや。トヨタのプリウスも、トップが引っ張ったからこそ儲けを度外視した形で実現したんです。なんだか似ていますね。

サトー　一般的に、環境というのは商売に繋がらないと思うのですが、トップダウンであったとはいえこういった試みをするモチベーションの源は何でしょう？

桐山　いまはまだ商売には繋がっていないと思いますよ。ガソリンは安いスタンドや便のいい近所で入れる人が大半でしょう。私もこの会社に入る前はどこのガソリンスタンドで給油するかなど、あまり意識していませんでした。けれども、ある日突然、地下のマグマが沸き上がるように環境問題に対する変化があると思うんです。オフィス内でタバコが吸えなくなるという変化も急激に進行しましたよね。似たようなことが起きると思うんです。

タテウチ　ぼくも確実にこうなると思っているんですよ。

桐山　事実、京都議定書を批准していないアメリカの会社だということで、ヨーロッパではエクソン社のガソリン不買運動も起きていると聞きます。企業として、来る日に備えて準備をしていないと、取り残されるだろうと考えています。商売に繋がる、繋がらない、という観点で言えば、将来は確実に繋がると考えて取り組んでいます。

タテウチ　そういう日は来ますよ。そのとき、コスモ石油さんのようにこういった運動を早めに展開しているところと、取り組みをしなかった企業との間に差が出る。

桐山　そしてユーザーのみなさんに、コスモは昔から環境を考えている企業だったと認識していただいて、値段は同じでもガソリンはコスモで入れようと思っていただければ嬉しいと思います。すると環境と商売が両立することになります。

タテウチ　同時に、こういった取り組みは社員のみなさんを元気にするんじゃないですか。

桐山　本当にその通りです。家に帰って家族に誇れる会社じゃないと、働いていても甲斐がない。昔はお金を儲けている会社が誇れたんですが、いまはそんな時代じゃない。これからは社会性のない企業は意味がないし、生き残れないと考えています。ま、赤字で会社がなくなるようじゃ困りますが、可能な範囲で社会と共生することを考えたい。われわれが取り扱っている商品は、環境に負荷を与えるものです。けれども、ガソリンも自動車も社会にとって必要なものだと思いますから、何らかの形で貢献したい。そう考えています。

タテウチ　環境問題って、モラルを持ち出してもダメなんですね。$CO_2$を減らす取り組みをしたら楽しかったり気持ちよかったりしないと。その点、ユーカリ植林なんて楽しい企画ですよね。苦しいことを我慢すると未来が明るいってのはウソで、楽しいことを続けると未来は明るいって僕はいつも言ってるんですけど、今日は楽しいお話を聞きました。

# Watch out!

舘内 端

### 人は誰でも$CO_2$を出す

　1992年に日本橋から鈴鹿サーキットまで国道1号線を歩いた。自動車排ガスに心痛めての行脚だった。周囲からは、自動車評論家が「歩いた」ことに勇気づけられたとお褒めの言葉を頂いた。こそばゆい思いだったが、地球温暖化の元凶のようにいわれる石油会社が植林の支援をしていると聞いて、今度は私が勇気づけられた。私の行動とは、そういうことだったのだ。

　人間、生きていればだれでも環境に負荷を与える。環境問題とは私の問題であり、地球は私が暑くしているという自覚は、企業にもいえる。そのことを企業は認めたがらない（仮面はとっくにはがれている）が、どんなに辛くとも認めたほうが消費者から支持される。つまり、正直だと、だから信用できると。

　今回の例でいえば、「さすがコスモ石油だ」ということである。これを企業と消費者・市民の連帯ということもできる。何かを引き受けなければ私たちは信用されないし、引き受ける覚悟のない人や企業は信用しないのだ。

　しかもコスモ石油の取り組みは、ユーザーが参加できる。それが嬉しい。企業は企業内にとどまらず、消費者が喜んで参加できるような行動を起こしてほしい。企業、行政、そして市民のトライアングルの形成が、地球温暖化防止という一大事業の達成には必要なのだ。

　地球に住む限り、人は$CO_2$を出さざるを得ない。ネガティブにならず、積極的な行動を起こすと、自分が明るくなれ、他人を勇気づける。そして、自分に出来ることを、出来る範囲で行なうのが長続きできるコツだ。

# 第4章

# クルマがどんどん元(電)気になる

燃料電池車、電気自動車、ハイブリッド車、次代のクルマの共通点は、電気エネルギーでモーターを回すことである。いっぽう、ブレーキ、エアコン、パワーステアリングなど、これまで内燃機関と油圧などの組み合わせで動いていた自動車部品も電動化しつつある。原動機の"電化"と部品の"電化"が、次世代車の鍵となりそうだ。

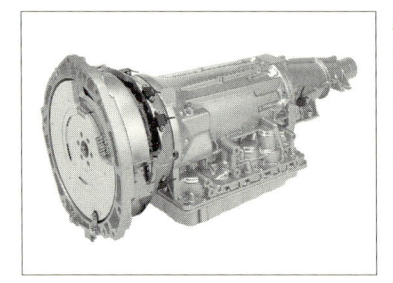

# 魔法の
# トランスミッション

ポンと載せるだけでどんなクルマもハイブリッド車になるトランスミッションがあるという。開発を行っているのは、静岡県富士市にあるジヤトコ。われわれにシステムを説明してくださったのは、同社商品開発本部の吹野真人氏と、経営企画部の遠藤庸生氏である。

AT内部にモーターを内蔵するという、まったく新しいコンセプトのトランスミッション。モーターの最大トルクは122.5Nm、最高出力は41kW。2ℓ6気筒ガソリンエンジン車（日産ステージア）に搭載した社内テストでは、10・15モードで36％の燃費改善が確認されたという。

## ポンと積めばハイブリッド車が完成

**サトー** 御社が開発した、トランスミッションにモーターを組み込むハイブリッドシステムの効果から伺います。このシステムで燃費はどのくらい向上するのでしょうか？

**吹野** 日産ステージア（先代モデル）に、われわれがIHAT（Integrated Hybrid Automatic Transmission）と呼ぶシステムを装着して燃費テストを行いました。すると10・15モード燃費で、IHAT採用車は非採用車に較べて36％もの燃費向上が確認できました。

**タテウチ** へー、36％はすごい。

**吹野** 36％の内訳を説明しますと、まずアイドリングストップ機能の効果で10〜12％向上します。

**タテウチ** アイドリングストップは効くんですね。都市部を走るバスを調査すると、運航時間の7割もアイドリング状態で停車しているっていうから、10・15モードではなく市街地でテストしたら、もっと差が出るでしょうね。

**吹野** 次に、トルクコンバータを廃することで10％程度改善されます。AT（オートマチック・トランスミッション）車にはトルクコンバータが必要なのですが、どうしても"滑り"によるロスが生じるんです。残りの10数％は、制動エネルギーを回生ブレーキで回収することで稼ぎます。

**サトー** どんなクルマにもポンと載せることができますか？

**吹野** クルマの性格や求める性能に合わせてフィッティングしなければならないので、多少は時間がかかります。けれども、フィッティングについてこれから学んでいけば、それほど長い時間はかからなくなると思います。また、大きなものを搭載するわけではないので、多くの車種に対応できるようになると考えています。

**タテウチ** そうか、同じハイブリッド車でも、エンジンにモーターを組み合わせるより、ATにモーターを付けるほうが小さくなるんだ。

**吹野** そこがポイントでして、サイズを短くできることがわれわれの強みですね。エンジンにハイブリッドシステムを備えると、必ず全長が長くなります。いっぽう、トランスミッションの中に組み込めば長さは変わらない。したがってIHATはいろいろな車種に柔軟に対応できます。

**タテウチ** さすがはトランスミッションの専門家というか、これは自動車メーカーには手が出せない領域だな。

**吹野** われわれはAT屋なんで、エンジンではなくトラン

これからの時代は商売が難しくなるのです(笑)。

**タテウチ** 自動車メーカーも、こんな方法があったのかと目からウロコが落ちるかもしれませんね。トヨタの初代プリウスもエンジンにハイブリッドシステムを組み合わせてるんですが、非常に複雑。2001年の東京モーターショーでIHATを見たときに、この技術はシンプルだからいろんなメーカーから引き合いがあるだろうと直感しました。

**遠藤** はい、いろいろなお話をいただいております。

**タテウチ** ですよね。いまゼロから出発してハイブリッド車を作れと言われたら、お金も時間も莫大にかかる。ハイブリッド車には電池が必要で、電池がからんでくると制御が大変なんです。でも、ジヤトコさんからIHATを買って自社のクルマに載っければ、ハイブリッド車いっちょうあがり、となる。特に、規模が小さい自動車メーカーほどシステムを丸ごと作ってくれ、となると思いますよ。

**遠藤** ええ。われわれはシステムサプライヤーを目指しております。システム全体を提案できる部品メーカーですね。

**サトー** IHATのお値段は?

**吹野** まだお話できる段階ではないのですが、10万円以上

だと厳しいだろうと考えています。たくさん数を出したと仮定して、数万円のレベルに収めるように努力しています。

**サトー** IHATには何年前から取り組んでいるのですか?

**吹野** 本格的に始めてからは3年くらいでしょうか。

**サトー** 研究開発を始めたきっかけは?

**吹野** 燃費改善、環境問題ですね。従来の技術を進化させる正攻法での燃費改善にも取り組んでいまして、相応の成果もあげています。しかし、限界があります。たとえば回生エネルギーを活用するにはどうしてもハイブリッドが必要です。これは従来の正攻法では対応できませんから。

## 自動車メーカーより巨大化する部品メーカー

**サトー** IHATの具体的な構造について教えてください。

**吹野** AT内部のトルクコンバータを外し、そこにモーターを入れます。トルクコンバータの役割はモーターが果たし、同時に、モーターはエネルギー回生などハイブリッドの機能も持ちます。

**タテウチ** トルクコンバータもクラッチもないんですが、発進や停止のときにギアはどうするんだと思ったんですが、遊星ギアを入れるアイディアを採用しているんですね。

98

吹野　トルクコンバータもクラッチも、程度の差こそあれ滑っていますから、ロスになります。トルクコンバータの代わりにモーターを入れることで、アイドルストップも簡単になりますね。これは逆に舘内さんにお聞きしたいのですが、FC（燃料電池）が一般的になるのはずいぶんと先の話じゃないですか。すると、しばらくはハイブリッドや簡易ハイブリッドが主流になると思うのですが、どうです？

タテウチ　その可能性は相当高いですね。いま、省燃費を目的に自動車の各パーツがどんどん〝電化〟しています。電動パワステが代表的ですが、カーエアコンも家庭用と同じインバータ式になるでしょう。まさかブレーキは油圧のままだろうと思っていたらブレンボのような部品メーカーが電気ブレーキを発表して驚いたり、電化はもう始まっています。すると、その電気はどこで発電するの、という話になるんですが、エンジンだけで発電していては省エネにならない。すると回生ブレーキが必要になって、回収したエネルギーを蓄えるには高性能バッテリーが必要になる。こうして順番に見ると、ハイブリッド車に行き着きます。

吹野　われわれの目指す方向は間違っていないわけですね。

タテウチ　間違っていないどころか最先端です。もっと言

うと、IHATに電池を組み合わせてプレゼンすれば、自動車メーカーは飛びつくと思いますよ。自動車メーカーはいままでの自動車の要素をほとんど変えずに、あっという間にハイブリッド車を実現できますから。

吹野　全部はお話できませんが、実はそのあたりを考えて電池もやっています。

タテウチ　やっぱり！　自動車業界再編ということも含めて、なくなっちゃう部品メーカーと、自動車メーカーより大きくなる部品サプライヤーにわかれていくんでしょうね。

サトー　どのメーカーにも供給できるシステムサプライヤーとのことですが、〝系列〟というのは弱まる方向ですか？

吹野　ご存じのように、弊社は日産と密接な関係にあります。しかし日産以外にも顧客を拡げて生産量が増えれば、量産効果で日産に納入する部品も安くなります。

遠藤　かつては売り上げの4分の3を日産が占めていましたが、近い将来に日産の比率が6割を切るかもしれません。

吹野　確かに、系列は弱くなっています。VW、BMW、ローバー、ジャガー、欧州フォード、ヒュンダイなど、10社以上に納入していますから。トランスミッションというのはプラットフォーム（車台）と密接な関係にあるので、

サトー　トランスミッションでお国柄の違いはありますか？

遠藤　最近は、日本とアメリカのメーカーからCVTの問い合わせが非常に多いですね。米国メーカーは、CAFE（企業平均燃費規制）をクリアしないと大変なことになる、という理由でしょう。日本では、ホンダ・フィットが23km/ℓという燃費を謳っていますから、多少はコストがかかってもCVTで対応しないと戦えない、という理由があるようです。面白いのは、欧州からはあまりCVTの話がこないことですね。CVTは高速走行だとそれほど省燃費に貢献しないので、6速ATなど多段化の方向なのかもしれません。そんなところに、お国柄を感じます。

吹野　アメリカではやはりパワーが求められる、というのも面白かったです。IHATの説明をすると、電圧をもっと上げて発進加速をよくしてくれ、と言われるんです。しかし、9月11日を境にちょっと彼らの態度も変わりましたね。パワー最優先という意見が弱まりつつある。中東からはもう石油を輸入できないと考えているんじゃないでしょうか。私は、そんな印象を受けました。

# Watch out!

舘内　端

## 危機感から生まれた福音

　トランスミッションのメーカーが、エンジンも作ってしまった。あるいは、エンジン付きのトランスミッションを売り出しともいえる。これは、部品メーカーの再編どころか、自動車メーカーをも巻き込む業界再編の台風の目となりそうだ。

　しかし、そこにはトランスミッション・メーカーの危機感と苦悩があったのだ。

　ご存知のように、自動車に変速機（トランスミッション）は必須である。しかし、それは前世紀までの話であって、今世紀は事情が違う。もう、変速機は必要ないかもしれない。モーターという変速機能をもった新しい自動車の原動機が登場したからだ。

　自動車は、国内法規では時速0キロから100キロまで、ドイツでは速度無制限で走る。エンジンは、こうした広い速度域に変速機なしでは対応できない。しかし、モーターは新幹線でもお分かりのように、変速機なしで時速0キロから350キロ、パワーがあれば400キロ以上も対応できる。つまり、モーターには変速機が不要なのだ。

　EVやハイブリッドの登場によって、将来的には燃料電池車の出現で、このままでは変速機メーカーの仕事は減るばかりである。そこで、この危機感をバネにジヤトコは、一気に反撃に出たのである。しかも、マイナスをプラスに転じようというわけだ。

　現行の自動車をあまり改造せずに、つまり変速機は残して、ハイブリッドに出来るというIHATは、資金的、技術的に余裕のないカーメーカーには福音だろう。

100

# 電気ブレーキで$CO_2$をストップ

クルマの電化の波は、ブレーキにまでおよび、メルセデス・ベンツやトヨタの一部の車両にはブレーキ・バイ・ワイヤ（ドライバーの操作を電気信号で伝える仕組み）がすでに採用されている。この電気ブレーキは$CO_2$削減にも役立つというが、それはどういった理由によるのか？　メルセデス・ベンツのブレーキ・バイ・ワイヤを開発したボッシュ・オートモーティブシステムに赴き、同社技術本部でシステム技術部長を務めるヴェルナー・ミュラー氏と、ホルツマン・ローランド氏に話を聞いた。

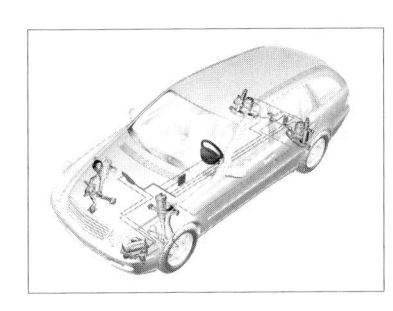

メルセデス・ベンツEクラスに採用されるブレーキ・バイ・ワイヤ装置、SBC（センソトロニック・ブレーキ・コントロール）の透視図。現状ではドライバーの操作が電気的な信号として伝達し、実際のブレーキ力は油圧で発生している。これが発展すると、実際の制動力も油圧ではなく電気モーターが担当することになり、ブレーキに大革命が起こることになる。

# 電気ブレーキの現状と将来性

**タテウチ** 先日、メルセデス・ベンツのSL500に試乗したんです。メルセデスはSBC（センソトロニック・ブレーキ・コントロール）と呼ぶようですが、ドライバーのブレーキ操作を電気信号で伝達する新しいブレーキシステム、ブレーキ・バイ・ワイヤを装備するクルマですね。それで、大変具合のいいブレーキで驚きました。あれはボッシュが開発したものですよね。

**ローランド** そうです。ボッシュは、1927年に油圧式パワーアシスト・ブレーキを発表しました。それ以前は、「ピュア・マッスル・パワー（人力）」でブレーキは作動していたんですね。そして78年、われわれはアンチロック・ブレーキング・システム、ABSを世に出しました。ここで初めてブレーキに電気が介入したんです。タイヤがロックしたことをセンサーが検知し、ロックを防止する仕組みです。ブレーキの状態を電子制御で検知できるABSはその後、トラクションコントロール・システムなどと組み合わされ、ESP（エレクトロニック・スタビリティ・プログラム＝電子制御式自動車両安定装置）に発展しました。

**サトー** つまり、ある日突然電気ブレーキが発明されたわけではなく、従来からの技術の延長線上にあるわけですね。

**ミュラー** そうです。安全性の向上など、われわれが追求してきた機能のひとつがSBCなのです。

**ローランド** もうひとつ誤解のないように説明しておくと、これは純粋な電気ブレーキではないのです。電気は調整、制御のために用いられるのであって、実際のブレーキ力は従来通り油圧でまかなっているからです。

**タテウチ** でも、その油圧は電気モーターによって発生するとメルセデス・ベンツは説明していましたが。

**ミュラー** 油圧は電気モーターによるものですが、完全に電気だけで作動するブレーキには到達していません。まだ完全に電気だけで作動するブレーキには到達していません。われわれが考える究極の電気ブレーキであるEMB（エレクトロ・メカニカル・ブレーキ）は、もっと凄い（笑）。

**サトー** EMBのお話は後で伺うとして、SBCには燃費改善の効果もあるとメルセデスは説明していました。

**ローランド** 通常の油圧式ブレーキですと、ブレーキのディスクとパッドが微妙に接していることが多いんですね。いっぽうSBCの場合は電気で細かく制御しますから、ディスクとパッドの間の距離を従来の油圧式ブレーキよりも

102

離すことができます。抵抗が減るので燃費には貢献します。

ミュラー また、モーターで油圧を発生させますので、負圧を作るためのバキュームが不要になり、ブレーキシステム全体の部品点数が減ります。これは、軽量化と設計の自由度が大きくなるというふたつのメリットをもたらします。

ローランド ただし、正直に申し上げると、現状でのSBCのメリットは$CO_2$削減よりも安全性、快適性を向上させる効果のほうが大きいのです。$CO_2$削減を目標にしていないとは言いませんが、現時点では副次的な効果です。

サトー 将来的にはどうでしょう？ たとえばトヨタ・エスティマ・ハイブリッドは、ハイブリッドシステムを効果的に使うためにブレーキ・バイ・ワイヤを使っています。

ローランド SBCでも同じ効果を期待することができます。回生ブレーキを実現するためにSBCは有効でしょう。

タテウチ ブレーキ・バイ・ワイヤはアイドリングストップにも効果的ですよね。普通のクルマで坂道などでアイドリングストップすると、ブレーキの油圧アシストが失われて制動力が足りなくなります。けれども、ブレーキ・バイ・ワイヤだったらそういった心配はない。

ローランド おっしゃる通りです。近い将来には安全性と快適性の向上とともに、省燃費、つまり$CO_2$削減も視野に入れた機能が追加できるのは間違いありません。

サトー 現状のブレーキ・バイ・ワイヤの問題は何ですか？

ミュラー SBCが完全な電気ブレーキにならなかった理由のひとつが信頼性です。電気信号だけでブレーキと繋がっているというのは、まだ不安です。最悪のケースはバッテリーにトラブルが発生して電気がブレーキシステムに供給されないことで、ブレーキが作動しない恐れがあります。

タテウチ もうひとつ、ハイブリッド車とブレーキ・バイ・ワイヤをコントロールする機構は、仕組みが複雑になりすぎるという問題もあります。つまり、回生ブレーキでエネルギーを回収しても、製造段階からのトータルのエネルギー効率で考えるとそれほど省燃費に繋がらないのではないか。そんな意見もあるので、もう少し研究が必要です。

ミュラー 最後の砦として油圧系統を残す必要があるんだ。

## いまの油圧ブレーキでは未来は厳しい

サトー 電気ブレーキがこの次のステップに踏み出すと、先ほどお話のあったEMBになるわけですね。

ローランド そうです。純粋な電気ブレーキであるEMB

は、すでに開発中です。EMBの場合、制御はもちろん電気ですが、実際のブレーキ力も電気モーターから得ます。EMBが実現すると、アイドリングストップ機構などと簡単に組み合わせることができるようになります。また、われわれはACC（アダプティブ・クルーズ・コントロール）と呼んでいますが、駆動力と制動力を総合的に電子制御することも可能になります。すると急発進、急加速がなくなるので自動車の燃費は大きく改善するでしょう。

ミュラー　それから、このブレーキキャリパーに組み込まれたモーターの写真を見てください。残念ながらまだ機密事項なので読者のかたにはお見せできませんが、従来の油圧式ブレーキに不可欠だったオイルの配管などが一切不要になることがおわかりいただけると思います。

タテウチ　ほー、EMBになるとこれまでのブレーキシステムはほとんど不要だ。凄い軽量化、省スペースになる。

ミュラー　バネ下重量が軽くなるので、乗り心地の問題を解決しなければなりません。現状では、まだ重いのです。

ローランド　FC（燃料電池）、EV（電気自動車）、それからハイブリッド車もそうですが、これからの自動車はエンジンで油圧を発生することが期待できません。また、エ

ンジンで油圧を発生させて機械を動かすよりも、電気で直接動かすほうが効率がいい。つまり、優れた電気ブレーキは、これからの自動車の発展に欠かせないものです。

タテウチ　でも、これが実現するとシステムが簡略化されて部品点数も減るから、ボッシュの仕事がなくなりません？

ローランド　（笑）。いえいえ、ボッシュの仕事がなくなる仕事がどんどん増えています。たとえば、ソフトウェア開発の仕事がどんどん増えています。私どもはハードとソフト、両方やっています48kバイト。私どもはハードとソフト、両方やっています。制御系統は8kバイトでした。しかしいまや場したとき、制御系統は8kバイトでした。しかしいまや

サトー　では、ボッシュの仕事が増えても減ることはありません。なる組み立て工場になってしまうのではないでしょうか？から、仕事が増えることはあっても減ることはありません。

ローランド　（苦笑）。いえ、システムサプライヤーと自動車メーカーの関係は、いまと同じでしょう。自動車メーカーはクルマをセットアップしているわけですが、そのセットアップの方法が変わるだけです。仕組みが高度になるわけですから、セットアップする側の仕事も大変なのです。

ミュラー　部品サプライヤーと自動車メーカー、どちらかが退屈するということはあり得ないでしょうね。

サトー　最後に、ブレーキ・バイ・ワイヤと回生ブレーキ

を組み合わせるとエネルギー回収がうまくいく仕組みを教えてください。どうも難しくて、理解できないのです。

**ミュラー** たとえば、サトーさんが1Gの制動力を必要とするとします。そのときブレーキは0・8Gだけを担当し、残りの0・2Gについては、回生ブレーキでバッテリーに戻すことができると考えてください。電気でコントロールするブレーキだと、0・8Gと0・2Gという振り分けがきっちりできるのです。いままでのブレーキだと、0・8にしたいのに0・5になってしまったりした。だから回生ブレーキとブレーキ・バイ・ワイヤは相性がいいのです。

**タテウチ** いや、きょう聞いたお話は、メルセデスのエンジニアが説明しなかったことばかりで、値千金です。ぼくが勉強している範囲でもわからなかったことばかり。

**ローランド** ドイツの自動車ジャーナリストも同じです。SBCがどのようなメリットを持ち、EMBがどのように発展していくか、これを本当に理解している人は少ない。どうかこの知識を、上手に読者に伝えてください。

**ミュラー** それがみなさんのお仕事ですから、退屈している暇はありませんよ（笑）。

# Watch out!

舘内 端

## 自動車産業、悲喜こもごも

　自動車整備士になるために、まず学ぶのがブレーキのエア抜きである。ブレーキの整備の際に、油圧回路に空気が混入し、ブレーキの効きを悪化させるのだが、この空気を逃がす作業である。

　しかし、電気ブレーキになると、この作業も、必要とされる技能も不要になる。自動車整備に携わっている人には、かなりショックな話だ。

　ブレーキ部品には、オペレーティングシリンダーあるいは油圧キャリパー、ブレーキホース、ブレーキパイプ、ジョイント、倍力装置、マスターシリンダー、ブレーキオイル等がある。電気ブレーキではみな不要だ。ブレーキ系の部品メーカー関係者にとっては、青天の霹靂に違いない。

　すでにおわかりのように、電気ブレーキは、自動車の維持費も、コストも削減してしまう。また、車体の軽量化、エンジンルームのスペースの削減等、自動車の設計も有利にする。その上、快適性やイージードライブも促進し、$CO_2$も削減できるとなると、ブレーキの電化は一気に進みそうである。自動車産業の業種によって、悲喜こもごもであろう。

　しかし、電気ブレーキは今に始まったわけではない。すでにGMが"インパクト"と呼んだEVのプロトタイプ（その後にEV1として市販された）において、その後輪のブレーキ（ドラム式）に採用していた。92年のことであった。

　EVも含めて、自動車の電化の波には乗り遅れたくない。

# すべてのハンドルが電気になる

ホンダ・アコード、三菱コルト、マツダRX-8など、パワーステアリングを油圧ではなくモーターでアシストするクルマが増えている。パワステはなぜ電動化するのか？ この疑問を解くために、いち早く電動パワステに取り組むホンダを訪ねた。取材に応じてくださったのは、ホンダ技術研究所栃木研究所の稲葉和彦氏、桐原建一氏、鶴宮修氏の3名である。話を整理するために、記事中の3氏の名称は〝ホンダ〟で統一させていただいたことをお許しいただきたい。

ホンダS2000タイプVに備わるステアリングホイール。このモデルに備わるVGS（バリアブル・ギアレシオ・ステアリング）とは、車速に応じてステアリングのギア比を可変とする仕組み。車庫入れのときは取り回しがよくなり、山道ではスポーティな味付けとなる。こんな芸当が可能になったのも、パワーステアリングが電動化されたからだ。

# 省、軽、広。電動パワステ3つの利点

**サトー** なぜパワーステアリングを電動式にするのでしょう？

**ホンダ** 弊社製品で最初に電動パワステを用いたのは、1990年のNSXでした。NSXはエンジンが運転席の後方にあるので、油圧式だと配管が長くなり使いにくかったのです。ただし、それ以前から省燃費を目的に電動パワステの開発を進めていました。

**サトー** 油圧式との燃費の違いはどの程度でしょう？

**ホンダ** 10・15モード燃費でおよそ2～3％くらい、電動式のほうがよくなるというテスト結果があります。

**タテウチ** いままでの油圧式パワステというのは、エンジンで油圧を発生させて、そのエネルギーでハンドルの重さを軽くするわけだから、やっぱり効率としては悪いんだな。

**ホンダ** 市街地走行では、もう少し燃費に差が出ます。

**タテウチ** 街中を走るとたくさんハンドルを切るからね。

**ホンダ** それから、大きなクルマより小型車のほうが、電動パワステによって燃費が改善する効果が大きくなります。

**タテウチ** 小さなエンジンだと、油圧ポンプの負荷の影響を受けやすいんだ。大きいエンジンだと余裕があるけど。

**サトー** 電動式と油圧式では、重量に差はありますか？

**ホンダ** 弊社のフィットはEPS（電動パワーステアリング）を採用しているのですが、開発初期の段階で油圧式パワステでやるとどうなるか、というシミュレーションを行いました。ステアリングギアボックス単体としてはEPSのほうが重くなるのですが、油圧システム、ポンプ、オイルの配管などトータルで測ると、ラフな数字ですがEPSのほうが10％ほど、具体的には約1～2kg軽くなります。

**タテウチ** グラム単位で軽くする中で、その差は大きい。

**ホンダ** もうひとつ見逃せないのが、EPSのスペース効率です。もしフィットを油圧式でやっていたなら、エンジンの脇にポンプを付けたりベルトの取り回しをしたりで、数cmはノーズが長くなります。

**タテウチ** フィットのパワステを油圧式にしていたら、ほかの部署からボコボコにされていたかもしれない。ボンネットの中はスペースの奪い合いだからね。

**ホンダ** 全長が短いのに車内が広い、というのがフィットのウリですが、油圧式パワステだとノーズが長くなるか、あるいは長さが同じなら車内が狭くなったでしょう。した

がってパワーステアリングの電動化には、省燃費、軽量化、そしてスペース効率向上という、3つの利点があるのです。

**サトー** すると、今後はEPSが増えると予想されます。

**ホンダ** 現在は、車種の半分くらいがEPSになっています。軽自動車や小型車はほとんどがEPSで、アコードのサイズまでをカバーしています。つまり国内で売っているホンダ車の多くがEPSですし、今後もEPSの比率が増えることはあっても減ることはないと考えています。

**サトー** 一般に、電動パワステは油圧式に較べてステアリングフィール、つまり手応えをよくするのが難しいと言われています。これは電動式の構造的な欠点なのでしょうか？

**ホンダ** 初めて油圧式のパワーステアリングを使ったのが1950年代の米国メーカーだと聞いています。ところが、そのときはパワーアシストが強すぎて乗れたもんじゃなかったそうです。それが現在では改善されているわけですね。EPSにしても、現行のアコードのものは高い評価をいただいていますが、先代からハード、ソフト、ロジック、すべてを進化させた結果なのです。経験が大事でしょう。

**サトー** 経験値さえ積み上げれば、電動式のほうが細かい制御をしやすいということはありますか？

**ホンダ** あります。各シチュエーションでのパラメータの設定は自由にできると思います。EPSの制御は高精度になっていますから、フィーリングはよくなるはずです。

**タテウチ** 「タテウチ仕様」とか自動車評論家の好みにあわせてセッティングできますね。すると全員の評価が〇。

**ホンダ** 生産型ではできませんけれど、プロトモデルをテストするときには設定は自由に変更可能です。データを入れるのは2、3分ですから、どんどんリファインできる。

**サトー** それは、さらにわれわれも実際にステアリングホイールを握って評価するのです。ステアリングフィールだけでなく、サスペンションの担当者などとあれこれやります。

**ホンダ** ほかに電動パワステに課題はありますか？

**サトー** 油圧式に較べて構造が複雑ですから、その関係でフリクションがかかって作動がちょっと渋いというのがありますね。また、モーターの慣性が大きいと制御やドライバーにインフォメーションを与えることが難しくなります。よって、高出力・低慣性というモーターの開発が待たれます。

108

# ハンドルがジョイスティックに変わる可能性

**サトー** 電動パワステの作動原理を教えてください。

**ホンダ** EPSと一言でいっても、ラック&ピニオンのラック軸をアシストするものと、ピニオン軸をアシストするものの2種類があります。強度の関係から、基本的には前者が大型車用、後者が小型車用になります。

**タテウチ** それぞれの軸の横移動あるいは回転をモーターで補助してやるわけだ。モーターの出力は？

**ホンダ** 300Wとか400Wですね。

**タテウチ** 結構大きな出力だ。このサイズでその出力、優秀なモーターですね。電力の消費は多いんですか？

**ホンダ** 電流は50A、60A流しますが、真っ直ぐ走っているときの電流は微々たるものです。低速で車庫入れするような場面では多少増えますが、十分に対応できます。

**タテウチ** クルマの部品が油圧から電動になる流れの中で、バッテリーを現状の12Vから42Vにするという動きもあります。42Vになると電動パワステにも影響が出ますか？

**ホンダ** かなり大きな影響を受けますね。効率を考えると、基本的には電圧が高いほうが有利です。今後、業界の動向などを踏まえて対応していきたいと思います。

**サトー** 電動パワステは、どんな方向に進化するのですか？

**ホンダ** 既にS2000で量産化したVGS（可変ステアリング・ギアレシオ）やヨー・レートを検知して車両を安定させるアクティブステア、さらには他システムとの協調です。また、HiDS（車線維持支援機能＆車速／車間制御機能）等の車両の知能化の方向もあります。画像など外界情報をセンシングする装置と組み合わせてドライバーの負担を軽減することに役立つだろうと思います。これに対応するステアリングがEPSなのか、それともドライバーの入力を電気信号で伝えるステア・バイ・ワイヤなのか、いろいろアプローチをしている段階です。

**サトー** どの道、ステアリングの"電化"は避けられない。

**ホンダ** ええ。電動パワーステアリング、ステア・バイ・ワイヤには、かなりの可能性が秘められていると考えています。

**サトー** 完全に"電化"されると、ステアリングのシャフトがなくなることもありますか？

**ホンダ** シャフトがなくなると、衝突安全にも寄与するし、車体設計の自由度も高くなります。もちろん重要な部品な

ので簡単にはいかないでしょうが、可能性は探っています。

**タテウチ** ハンドルがジョイスティックになる可能性も?

**ホンダ** やってますよ。意外と運転ができるので、驚きます。まあ、あの形状がいいのかは議論があると思いますが。

**サトー** 燃料電池車、ホンダFCXは電動パワステですね。

**ホンダ** そうです。FC(燃料電池)に取り組んでいたので、FCX搭載に あたっても大きな問題はありませんでした。以前からEV(電気自動車)に油圧ポンプを付けるわけにはいきませんから。EPSに取り付ける

**タテウチ** それから、アイドリングストップが広まることを考えると、パワステはどうしても電動になりますよね。油圧式だと、エンジンを切ると油圧がゼロになりますから。

**ホンダ** アイドリングストップは、油圧式だと厳しいです。

**サトー** 電動パワステは今後ますます重要になりそうです。

**ホンダ** ほかの自動車メーカーでは、サスペンションのグループがステアリングも担当しているケースが多いようなんですが、ウチには独立したステアリンググループがあるんです。つまり、ステアリングシステムの重要性や可能性を認識していると思うんですね。

# Watch out!

舘内 端

## ハンドルは丸くても四角くてもいい

　自動車のこれまで以上の普及、つまり自動車メーカーの成長に欠かせないことは、$CO_2$ の削減を筆頭に環境対応技術の開発と、脱石油、そして知能化・情報化といわれる。

　省エネ、$CO_2$削減、スペースの有効利用といった観点から開発が進められた電動パワステであるが、やってみると、これまでの自動車をがらりと変えてしまう可能性を持っていることが分った。電動パワステは、自動車の知能化に欠かせず、それを多いに促進するのだ。電動パワステは、まさに、自動車がこれから進むべき進路を照らすわけである。

　ところで、サーフボード、スノーボード、自転車の共通点は、乗れるか、乗れないかだ。また、波にのまれたり、雪まみれになったり、転んでひざをすりむいたりの、きつい練習が必要な点も共通している。鉄棒やマットと同種の身体技能であって、脳を経由せず、体が直接、体を動かせないと乗れない。

　自動車の運転は決定的に異なり、操作できるかどうかだ。初めての人でも、アクセルを踏むという操作を知り、踏めば走り出す。運転は身体技能というよりも、情報処理技術だ。それで、右に切ると左に曲がろうと、ハンドルが棒だろうと、電線だろうと、運転は可能だ。さらに、脳での情報処理をコンピューターで行なっても不都合はない。2輪の自転車を1輪車にするのではないのだから。このような身体性の欠如こそ自動車の本質であり、世界に7億台も普及した理由でもある。自動運転化はさらに普及を促進する。パワステの電化はその第一歩に過ぎない。

110

# 未来のクルマにもっと光を！

携帯電話のディスプレイや信号機、あるいはスタジアムの巨大スクリーンなどにLEDの光を頻繁に見るようになった。明るくカラフルなだけでなく、日本中の信号機をLEDにすることで原発を二基停止できるほど省エネに貢献するという試算もある。青色LED開発の草分けである豊田合成を訪ね、田中裕副社長にLEDの可能性をうかがった。

LEDは、自動車のテールランプ、ブレーキランプ、内装照明などに用いられるほか、写真のように信号機や携帯電話、あるいは大型スクリーンなど幅広い分野で重宝されている。今後は、蛍光灯などの室内照明もLED化が進行すると思われる。

## LEDは長寿命、省電力、しかも安全

サトー　基本的な質問なんですが、LED（Light Emitting Diode＝発光ダイオード）とは何なのでしょうか？

田中　電球との比較でお話しますと、電球というのはフィラメントがあってこれを熱すると光が出ますね。いっぽうLEDは、プラスの性質を持った半導体（電気をよく通す金属などの導体と、陶器など電気をまったく通さない絶縁体の中間の性質を持つ物質）とマイナスの性質を持つ半導体をつなぎ合わせて微量の電気を流します。するとプラス成分とマイナス成分がぶつかって光になるのです。

サトー　電球に比べて消費電力が5分の1になる理由は？

田中　電球のフィラメントというのは抵抗が大きく、そこに電気を流して発熱させます。温度を上げるために使うエネルギーが必要になるので、電力消費が大きくなります。

サトー　LEDは寿命も長いと聞きました。

田中　寿命は半永久です。ただし、配線のハンダ付け部分などで問題を起こすことがないとはいえません。

サトー　LEDをクルマに使うとどんな効果がありますか？

田中　ブレーキランプとテールランプにLEDを用いると、消費電力が少ないので10・15モード燃費が約1％改善します。これは重量を10％軽量にするのと同等の効果です。自動車は10％軽くしても、燃費に効くのはそのうち6分の1とか7分の1のはずです。

タテウチ　2トンのクルマを200kg軽くするのってとんでもない作業なんだけど、燃費だけに限ればランプ類をLEDにするのと効果は一緒なんだ。

田中　ほかにも、応答時間が電球の100万分の1になるという利点があります。これがどういうことかと言いますと、ブレーキランプをLEDにすると後続車両にブレーキを踏んだことを早く知らせることになります。

タテウチ　あ、そうか。100km／hだと秒速30mだから、反応速度が0.1秒違うだけで距離にすると3mも違いが出るんだ。それから、テールランプが全部LEDになると、クルマのデザインも変わりますね。

田中　変わるでしょうね。いま主流の電球は基本的には単色で、レンズカバーの色で赤くしたり黄色くしたりしています。ところがLEDはそれ自体でどんな色でも出せるので、レンズカバーは色が付いていなくてもよくなります。

## 省エネ技術で会社が変わった

**サトー** 青色が開発されてからLEDは長足の進歩を遂げた、というのが素人レベルの知識です。

**田中** 光の3原色というのがありまして、これは赤・青・緑なんです。この3つをあわせると白になります。ちなみに、色の3原色は赤・青・黄で、3つを混ぜると黒になります。そして、光の3原色それぞれの明るさを256段階で調節すると、約1700万色になります。そこでフルカラーが可能になるのですね。3原色のうち赤は30年ほど前に完成していまして、緑は青の応用でできることがわかっていました。したがって、LEDのフルカラー化を実現するために青の開発が待たれていたのです。

**サトー** 誰も実用化していない青色LEDの開発に着手したのはリスクを伴うチャレンジだったと思うのですが。

**田中** 物語のようになってしまうんですね。青色発光ダイオードは、たった一人の情熱で始まったんですね。青色発光ダイオードは、世界的に見て名古屋大学工学部の赤崎勇教授（当時。現在は名古屋大学名誉教授、名城大学教授）の先駆的かつ基本的技術がベースになって開発されてまいりました。1980年代、弊社はクルマの樹脂部品として、内装の照明なども開発していました。当時の照明はバルブだったわけですが、赤崎先生の講演を聞きに行った技術者の一人が、「青色LEDが出来ると光の世界が変わる」という言葉に感動して、是非やりたいと当時の開発部長に訴えたんです。担当役員、社長と話が進んで、技術屋だった当時の社長が赤崎先生のところに日参して指導していただくようになったのが86年です。赤崎先生はバンドギャップエネルギーの高い半導体であるGaN（ガリウムと窒素の化合物）を開発していました。当時、この材料で熱心に研究・開発を行っていたのは世界でも赤崎先生とわれわれくらいでした。いまでも青色LEDを大量生産できるメーカーは、国内で2社、アメリカに1社あるだけです。

**タテウチ** 先見性を評価できるトップが英断したんだ。

**田中** 開発開始から商品化まで社長は3回替わっているのですが、どの社長もゴーサインを出して、いまでは自動車部品事業に次ぐ第2の事業の柱になりつつあります。

**タテウチ** 人間がほかの動物と違うのは、火と光をうまく使うことですよね。キリスト教ならステンドグラス、仏教ならロウソクとか。それなのに、クルマはどんな高級車で

も車内の照明は単色で暗かった。ことによると、LEDはクルマのインテリアに革命を起こすかもしれませんね。

**田中** 現行セルシオのインテリアをご覧になりましたか？

**サトー** あれは間接照明で、いままでにない内装ですね。

**田中** 実は、あの間接照明は弊社が提案して実現したものなのです。いままでの電球では難しかったのですが、LEDは場所をとりませんし、色も明るさも自在なので可能になったのです。たとえばLEDだと、2％の電流でコントロールする、という微調整が容易で確実にできます。

**タテウチ** ヘッドランプもLEDにできるのですか？

**田中** 個人的な意見ですが、ヘッドランプはまだまだ困難です。HIDの明るさに慣れてしまうと、LEDは厳しい。デイライトランニングランプには可能性があると思いますが。デイライトランニングランプにいまのヘッドランプを使うとバッテリーの問題などが生じますが、省電力のLEDなら問題がありませんから。

**田中** いま、タクシーのフォグランプの位置にあるのがLEDですね。

**サトー** そうですね。

**タテウチ** バイクにもいいですよね。二輪はバッテリーが

**田中** 次は照明ですね。蛍光灯をすべてLEDにすることを考えて取り組んでいます。いま、オフィスの蛍光灯は1本1000円くらいだと思うのですが、同じ明るさのLEDだと1万円とか2万円。これが蛍光灯の2倍、3倍の価格に収まれば可能性はあると考えます。私くらいの齢になると、高い場所にある蛍光灯を交換するのが億劫になるのです。マンションでも高い所にある電球を換えるとなると、業者を呼んで5000円とか1万円もかかる。そう考えれば、耐久性や色などの付加価値で、LEDに勝機がある。

**タテウチ** オフィス照明にもLEDはいいですよね。これから$CO_2$排出が厳しくなるご時世にぴったり。

**田中** ほかにも、消費電力が少ないので、電線のインフラがない場所でも太陽電池と蓄電池を持っていけば信号機がスタンド・アローンで備えられるとか、地面に埋め込んで災害時の誘導に使うとか、いろいろと考えています。

**タテウチ** そりゃいいや。ぼくの事務所から家へ帰る道の途中に、西日で見にくい信号機があったんです。ところがある日から見やすくなって、確認したらLEDだった。

**田中** 電球を使う信号は、真ん中が明るくて周囲がぼやけ

ますから、視認性でもLEDが優れているんです。

**タテウチ** LEDで、取引先も変わりましたか？

**田中** 豊田合成は自動車部品メーカーのひとつで、自動車関連会社との仕事が多かったんです。それが、以前はLEDをやってみると地縁血縁のない取引先が増えました。LEDは当初、国立競技場のスクリーンなど、大きな画面の商品がメインでした。そこで驚いたのは、億円単位の引合いがたくさんきて、しかも物件が決まって受注すると、3日後には納品してくれと言われたことです。クルマの場合は受注した後、ふつうは1年以上の生産準備、そして4年間くらい作りますので、勝手が違いました。

**タテウチ** 営業センスも少し変えないといけませんね。

**田中** 次に携帯電話向けの受注が増えました。2000年くらいに携帯向けを始めたのですが、当時は青や緑のLEDを使っていました。それがたった1年でフルカラー化と、すごい速度で進歩しました。この技術革新に乗り遅れると、極端な話、価格を半分にしてくれなんて言われますから、絶対に負けられない。ビジネスのスピードが変わります。

**タテウチ** 大変ですけど、この不況期に仕事が大きく広がったわけで、チャレンジして本当によかったですね。

# Watch out!

舘内 端

## 省エネは安全で快適で、商売も繁盛

信号待ちでアイドリングストップをするようになって7年ほどになるが、バッテリーの電気残量が気になる。そのひとつがブレーキランプで使う電気だ。

追突の危険性を考えると、サイドブレーキを引いておくのはもちろん、フットブレーキもしっかりかけておきたい。しかしブレーキを踏めばランプが点き、バッテリーの電気を使ってしまう。そこで、後続車の有無によってブレーキペダルを踏んだり、放したりするのだが、気が散って安全とはいえない。

リアのコンビライトが電気消費量の少ないLEDになれば、気にせずブレーキを踏める。また、夜間のスモールランプの点灯による電力消費も少しは気にならなくなる。信号待ちアイドリングストップ派にとって、LEDは福音である。

アイドリングストップ以外でも、心ある人たちはいろいろ省エネ運転を工夫している。タイヤの空気圧を高めたり、アクセルをゆっくり踏んだり、信号の変わり目をしっかり見て、あらかじめ減速したりと。こうした工夫が、もし交通安全にも寄与するとしたら、彼らはもっと嬉しいはずだ。

$CO_2$削減は急務である。自動車の省エネは待ったなしだ。安全性や快適性を無視した省エネ技術はもってのほかとして、こうした副次効果があると嬉しい。副次効果といえば、LED開発に成功したことで豊田合成の取引先は自動車業界を超えて広がったという。企業間格差は、省エネの動きに乗れたか、乗り遅れたかでますます広がりそうだ。

# クルマのエアコンは原始的（だった）

自動車用エアコンに革命が起きる日が近い。自動車に使われているエアコンを、家電用として普及しているインバーター式にすると、エアコン作動時の燃費が2割から3割も向上するというのだ。滋賀県草津市の松下電器エアコン社を訪ね、同社EVデバイス開発チームの田口辰久チームリーダーと、吉田誠主任技師のおふたりに車載インバーター式エアコンの可能性と普及にあたっての問題点を聞く。

写真中央が田口辰久氏、左が吉田誠氏。テーブルの上に置かれるのが車載エアコンに革命を起こすと言われる、インバーター式エアコン。機密事項が多いために詳細な写真を掲載することはかなわなかったが、それだけ登場が間近ということでもある。

# エアコン次第で燃費は2割、3割もアップする

**サトー** 御社が2002年に発表した、インバーター式車載エアコンのお話を聞くためにまいりました。

**タテウチ** 家庭用エアコンがインバーター式になっているのに、クルマ用のエアコンは非常に遅れていますよね。

**サトー** まず、車載エアコンをインバーター式に替えると燃費がどの程度改善するのか、そこから教えてください。

**田口** 日本式の10・15モード燃費ではエアコンの影響が無視されていますが、エアコンをオンにすると燃費はガタッと落ちます。エアコンの改良によって、エアコン作動時の燃費は20〜30％は向上するはずです。

**サトー** 自動車のエンジンをどんなに頑張って改良しても、燃費が2割向上することは考えられません。

**吉田** 車載エアコンのインバーター化についてはコストの問題がありますが、車載エアコンが見直されるでしょうね。

**タテウチ** 基本的なところで、インバーター式とそうでないエアコン、それから車載用エアコンの仕組みはどのように違うのか、教えてください。

**吉田** まず家庭用エアコンですが、インバーター以前のエアコンは、オン・オフしかなかったんですね。誘導モータと呼ばれる交流式モーターが毎分3000回転（関西では周波数が60ヘルツなので3600回転）の一定速で回り、それをオンにするかオフにするか、という方法です。

**サトー** 二者択一とは、随分と大ざっぱですね。

**吉田** ええ。そこでインバーターが登場したのです。インバーターというのは、DC（直流）をAC（交流）に変換することを意味します。ACからDCへの変換がコンバーターで、順変換と呼ばれています。コンバーターは比較的簡単なのですが、逆変換のインバーターは難しかったんです。インバーターが可能になると何ができるかというと、周波数が10〜120ヘルツまで可変となり、モーターの回転数も毎分600〜7200回転までの範囲でコントロールできるようになるんですね。急速に冷やしたいときには最低限の消費電力で、といった具合に、制御が細やかです。

**サトー** だからインバーター式エアコンというのは消費電力が減り、電気代が安く済むわけですね。

**吉田** 昭和60年代にインバーター式が普及してエアコンの消費電力は明らかに減少しました。

**サトー** 車載エアコンはまた違うのですか？

**吉田** インバーター以前のモノより、さらに原始的です。家庭用エアコンには安定した電源がありますが、自動車にはそれがありません。基本的には12ボルトの鉛バッテリーを積み、そして走りながら充電しています。けれども、電源の電圧が低すぎてエアコンを動かせません。そこでエンジンの軸から動力を取り出し、コンプレッサーの冷媒を圧縮する方法を採るわけです。

**タテウチ** だから夏にエアコンのスイッチを入れると、エンジンが重たく感じる。

**サトー** 問題は、エンジン回転数がコロコロ変わることです。アイドリング状態から7000回転まで、アッという間に変化することもあります。

**吉田** エンジン回転数が変わるので、自動車用エアコンは1500回転程度の低いエンジン回転に照準を合わせ、そこで能力を発揮するような設計になっています。ところが、高速道路を3000回転で巡航すると、今度は冷えすぎて能力を発揮するような設計になっています。ところが、高速道路を3000回転で巡航すると、今度は冷えすぎてしまうのです。電圧も高いし、容量も大きい。自動車の電源では、インバーター式に対応できませんでした。

**田口** これはみなさんご存じだと思いますが、トヨタ・プリウスとかホンダ・シビッ

**タテウチ** 一旦エアコンで冷やした風を、今度はエンジンの熱で温めるんだ。

**吉田** そうです。自動車の場合、冷却水の温度は比較的変動が少ない。ミックスダンパーと呼ばれる調整装置で、冷風と冷却水の熱をミックスして、送風するのです。エンジンパワーをロスするうえに、効率も悪いですね。

**タテウチ** 確かに原始的だ。

**吉田** 日本での家庭用エアコンは、トップランナー方式があったので普及したんでしょうね。インバーター式エアコンは、海外ではいまだに高性能機種という位置づけです。

**タテウチ** そうか、日本ではトップランナー方式の"縛り"があったから、インバーター式が普及したんだ。

**サトー** トップランナー方式？

**吉田** 省エネ法で、エアコンやテレビなど、大量に使用されてエネルギーもたくさん消費する家電製品は、一番エネルギー効率のいい製品を効率で上回らないといけない、と決まっているのです。それも関係しているのでしょうが、車載エアコンにインバーター式がなかったのは、むしろ電源の問題でしょうね。エアコンの負荷は、家電としては最も大きいのです。電圧も高いし、容量も大きい。自動車の電源では、インバーター式に対応できませんでした。

**田口** これはみなさんご存じだと思いますが、トヨタ・プリウスとかホンダ・シビッ

クのハイブリッド車ですね。また、FC（燃料電池）やEV（電気自動車）ですと100ボルトとか200ボルトの電圧がある。こういったクルマであれば、電源の問題がなくなり、インバーター式エアコンが可能になります。

サトー 次世代車はすべてインバーター式になる、と。

田口 そういったクルマが現状のエアコンを使うことはあり得ませんから。

## 自動車メーカーの古い体質

サトー すると、いますぐにでも車載エアコンをインバーター式にすればいいと思うのですが、課題は何でしょう？

吉田 家庭用エアコンですと、室外機をベランダにぽんと置けちゃうので、割とスペースの制約が緩いんです。いっぽう、車載用は小型軽量化という問題があります。

タテウチ エアコンの出力は家庭用のほうが大きいですか？

吉田 実は、自動車用のほうがはるかに大きいんですね。日射の影響が大きいんですね。ルームエアコンですと、室温はどんなに高くても40度Cです。いっぽう、クルマは車内温度が60度Cとかに達しますから。

サトー 車載インバーター式エアコンの開発に取り組んだのは、いつ頃ですか？

吉田 1989年からアイデアはありました。古いですよ。

タテウチ そりゃ先見の明がありましたね。トヨタがRAV4のEVを発表したのが96年ですから、80年代は早い。

田口 最近では日産のEV、ハイパーミニのエアコンはウチのものですね。歴史的に見ると、90年代半ばに登場したGMの電気自動車、EV1も弊社の製品を使っています。

サトー インバーター式を始めたきっかけは何でしょう？

田口 単純に、燃費や効率を考えると現状のエアコンが負担になっている、ということからスタートしました。やってみると、将来自動車の原動機が変わるとインバーター式じゃないと対応できない、ということもわかってきました。

タテウチ 原動機が変わる前に、自動車業界ではアイドリングストップというテーマがあるんです。普通のエンジン車でアイドリングストップをするだけで割と簡単に燃費がよくなるんですけれど、問題はエアコンなんです。

吉田 実は、そういった研究もやっています。

田口 ただし、エアコン屋だけで取り組んでも限界があります。クルマ全体で考えないと難しい。特に電池です。

タテウチ いいバッテリーが出るといいですよね。ニッケ

ル水素は高いですけど、マンガンリチウムは安くなってますから、あのへんを使えると前進する。

**吉田** 現状では、エアコン全開でアイドルストップすると、何分間かでバッテリーは厳しい状態になります。

**田口** 電池ができれば、インバーターは普及するでしょう。

**吉田** ま、自動車メーカーさんもいろいろ考えていて、ここでは言えないのが残念ですが。とにかく、エアコンだけでなく、バッテリー、あるいはガラスメーカーの断熱ガラス、内装メーカーの断熱カーペット、そういったものとトータルで開発する必要があります。

**タテウチ** みなさんのお立場では言いにくいでしょうが、エアコンはここ、バッテリーはここ、それを集めてクルマを作る、という古い体質が自動車メーカーに残ってますね。

**タテウチ・吉田** （苦笑）。

**田口・吉田** （苦笑）。

**タテウチ** あとは、10・15モード燃費に「エアコン使用モード」を入れるべきでしょうね。同時に、アイドリングストップモードも入れる。そうすれば自動車メーカーも開発に本腰を入れるし、みなんのモチベーションも上がる。

**田口** ぜひ、やっていただきたいですね。

# Watch out!

舘内 端

## クルマの"電化"に乗り遅れるな

　家庭用電化製品といえば、すぐにいろいろと思い当たる。いっぽう自動車の装備品以外の電化製品となると、聞いたことがないかもしれない。だが、昨今の$CO_2$削減の強い要請は、自動車をますます電化しているのだ。

　ここでの電化製品とは、オーディオやカーナビなどではない。クルマの走る、止まる、曲がる基本機能に密接な電化製品である。

　代表的な電化は、ハイブリッドだ。また、アイドリングストップ機構もそうである。これらが進化すると、オルタネーター（バッテリー充電用の発電機）、スターター、エアコンのポンプがなくなってしまう。インテグレートされたり、他のものに置き換わってしまうからだ。

　部品でいうと、パワーステアリングの電化（電動パワステ）は、急速に広がっている。ブレーキ（の一部）も電化中だ。

　なかでもエアコンの電化は、夏場の燃費を驚くほど向上させる。ハイブリッドやアイドリングストップ機構に勝るとも劣らない$CO_2$削減効果である。しかし、エアコンの電化は、ハイブリッドやアイドリングストップとコンビなのである。それは、バッテリーに問題があるからだ。

　逆の見方をすれば、ハイブリッドやアイドリングストップ機構は、バッテリーに余裕があるために、エアコンの電化が容易である。したがって、二重に$CO_2$を削減できる。

　自動車の電化は次の電化を呼び、幾何級数的に$CO_2$が削減できる。今後、ますます自動車は電化されるであろう。

## バッテリーとは、次の時代のエンジンである

FC（燃料電池）にしろEV（電気自動車）にしろハイブリッド車にしろ、次世代自動車の鍵を握るのはバッテリーだといわれている。「GS」ブランドで知られ、EV用バッテリーの先駆者である日本電池を訪ねた。同社電池事業部の中村仁志マネージャーが、自動車におけるバッテリーの意義を語ってくれた。

ハイブリッド車、EV用以外にも、日本電池は人工衛星用など宇宙を視野に入れたリチウム・イオン電池を開発し、高い評価を得ている。

## 燃料電池の強力なライバル

サトー　次の時代のクルマを考えるにはどうやらバッテリーが重要だ、ということがわかってきました。

中村　まず、バッテリーの種類から説明しましょう。大ざっぱにいうと、鉛電池、ニッカド電池、ニッケル水素電池、リチウム・イオン電池にわかれます。かつて電池といえば、鉛電池とニッカド電池が主流でした。われわれは「スター ター用」と呼んでいますが、自動車に積まれて主にエンジン始動用に使われているのは鉛電池ですね。その後、ニッケル水素電池の登場をきっかけに、バッテリーの高性能化が始まりました。ニッケル水素電池はトヨタの初代プリウスに使われたからみなさんにも馴染みがあると思います。そしていま注目を集めているのがリチウム・イオン電池です。

サトー　バッテリーの高性能化に伴うメリットは何ですか？

中村　パワーステアリングなど、様々な自動車部品が省燃費のために油圧作動式から電動式にシフトしつつあります。ところが、従来の鉛バッテリーだと増加する電力使用量に対応できない。いま主流である12ボルトの鉛バッテリー、これを36ボルト、42ボルトに移行するという動きがあ るのはそのためで、バッテリーの性能が上がると、補機類の電化が進むんですね。

サトー　御社の36ボルト鉛バッテリーが、トヨタのクラウン・マイルドハイブリッドに搭載されています。ハイブリッド車にとっても、高性能バッテリーが不可欠ですか？

中村　ええ。いいバッテリー、つまり軽量コンパクトでエネルギー量の大きいバッテリーを使えばスペース的な制約もなくなりますし、軽量化は省燃費にも貢献しますから。

サトー　リチウム・イオン電池は鉛電池より高性能だと考えてよろしいでしょうか？

中村　そうです。リチウム・イオンは、鉛に比べると5倍のエネルギー密度があります。つまり、同じ重量なら5倍のエネルギー、同じエネルギーなら重量が5分の1になります。そして寿命が3倍、さらには急速充電も容易です。

タテウチ　だからハイブリッド車を作るときに、鉛電池でやるのとリチウム・イオン電池でやるのとは大違いなんですよ。鉛でやるとスペース効率は悪くなるし、重いから燃費にもよくない。いっぽう、リチウム・イオンだったら広くて軽くて燃費もよくなる。携帯電話って、登場した頃は電池の優劣が大問題だったでしょ？　軽量で長持ちするのが

いい携帯電話だった。同じことが言えるんじゃないかな。自動車用のバッテリーについても、差もあるけれど、エンジンの制御とかの差もあって、これ以上お金をかけてもそれに見合った効果が得られるとは考えにくい。費用対効果で考えると、バッテリーの性能を向上させるほうが利口かもしれない。

**サトー** すると、リチウム・イオン電池はハイブリッド車だけでなく、EV（電気自動車）の可能性も広げますね。

**中村** 弊社のリチウム・イオン電池を搭載した三菱エクリプスEVは、1回3時間の充電で400 kmも走っています。しかも充放電は1000回以上可能ですから、寿命は400 km×1000回で40万km。EVの可能性は広がります。

**タテウチ** 40万kmじゃ、車体のほうが先にダメになる。

**サトー** 燃料電池（FC）が次世代車の主流になるという意見も多いのですが、水素インフラの整備など、問題も多いですよね。400 kmも走るならFCがいいのか、EVのほうがいいのか、考えなくてはならなくなります。

**タテウチ** リチウム・イオン電池の進化によっては、そっちにいく可能性はあるかもね。

## リチウム・イオンで日本が独走する

**サトー** リチウム・イオン電池の利点はわかりましたけど、普及にあたっての問題点は何ですか？ EVの場合には、充電という問題があると思うのですが。

**中村** 100ボルトの家庭用コンセントで充電できれば理想的ですね。市街地の特定の場所に急速充電設備を作る、という方法も考えられます。EVは充電に時間がかかるというかたもいるんですが、三菱エクリプスEVは何十分かの急速充電で100 kmくらいは走るんです。リチウム・イオンは急速充電が得意ですから。

**サトー** 三菱エクリプスEVのお話がありましたが、一般的なEVの航続距離は延びるのでしょうか？

**中村** 航続距離は単純にどのくらいの電池を積むかで決まるんですね。エクリプスEVは360 kgの電池を積んで400 km走りました。テストなのでかなり積みましたから一般的ではありませんが、200 km走れば十分だという人もいるでしょう。あるいは買い物や送り迎えなど数十kmでいいという人も、1000 km必要だという人もいるでしょう。

**タテウチ** 電池をたくさん積んで値段が高いEVと、ちょ

中村　とにかく長い航続距離を確保しなければいけないのか、あるいはまずシティ・コミューターから始めるのか、使い方によっていろいろ意見はあると思います。

サトー　コストのお話がありましたが、リチウム・イオン電池は高価なのでしょうか？

中村　コストは問題ですね。自動車用はまだ高いです。

サトー　それは原材料が高価だということですか。

中村　いえ、かつては希少金属のコバルトを用いてリチウム・イオン電池を作っていましたが、いまは埋蔵量豊富なマンガンが原料ですから原材料の問題はクリアしています。問題は、製造するにあたっての設備投資です。リチウム・イオンは湿気を嫌うものですから、湿度がほとんど０％のドライルームを作る必要があります。

タテウチ　工場を建てないといけないんだ。

サトー　となると、量産効果で価格は下がる？

中村　ええ。ただし、現時点では自動車に使うほどの大型リチウム・イオン電池の需要があまりないんですね。安くなると売れるから安くなるのか、売れるから安くなるのか、というのは議論になってしまうのですが、たくさん作れば安くなるこ

とは確かです。実は、日本製リチウム・イオン電池の世界市場における占有率は９０％を超えているんですよ。

サトー　そんなに⁉

中村　もともとリチウム・イオン電池の技術が確立したのが日本なので、世界の供給基地になっています。工程としては鉛電池より複雑なのですが、それでも負極がカーボン、正極がリチウムと、どこにでもある素材なので原材料入手の困難さはない。薄い電極を作るというのが難しいのですが、そこもクリアして機械が作るようになっています。

サトー　すると、次の時代のクルマは日本が独走しますね。

中村　一般論として、電池製造というのは加工業なんですね。弊社独自の技術というわけでなく、日本人に向いている作業なのかもしれません。最近では中国や韓国でもリチウム・イオンが作られるようになりましたけれど、生産量の１位、２位、３位は日本メーカーが独占しています。材料や加工技術など、リチウム・イオン電池のほとんどすべてを日本が握ってるといっても過言ではないでしょう。１９９２年頃、ＩＴ関連のマーケットが大きくなるのと同時に爆発的にリチウム・イオンの需要が増え、発展しました。

サトー　先ほどのお話でいくと、需要が増えてたくさん作

中村　るようになったので価格も下がったということでしょうか？

サトー　そうです。また、携帯電話やパソコン用の電池は自動車用より小さいので、設備投資にからむイニシャルコストの問題をクリアしやすかったことも進歩した要因です。

中村　携帯電話の電池はどんどん小さくなるし、ノート型パソコンのバッテリー寿命もあっという間に延びました。

サトー　そこはもう競争ですから、お金や人を投入して開発したわけです。そして、技術力も大幅に上がりました。

中村　ということは、携帯電話のおかげでハイブリッド車やEV用のリチウム・イオン電池の開発が進んだ、ということもあるのでしょうか。

サトー　そういった側面は確かにあります。あとはとにかく投資に見合った数量の問題ですね。ハイブリッドなりEVなりで、リチウム・イオンの需要が増えてくれれば……。

タテウチ　どこかの自動車メーカーがハイブリッドなりEVなりでがーんと使えば、一気にリチウム・イオンが増える予感がぼくにはあるんですけどね。

中村　技術的に作ることは可能なので、電池メーカーとしてはそういう自動車社会が一日も早く到来してくれることを望んでいます。

# Watch out!

舘内 端

## 燃料電池と電気自動車の切磋琢磨

　リチウム・イオン電池を使うと、EVが元気になる。充電時間は家庭用200ボルト／50アンペアの電源で80％充電に約2時間、もう20kmほど走りたいというのであれば、あと10分。スタンドの急速充電で、やる気になれば4分で400km走行可能な充電ができる。

　また、マンガン系リチウム・イオン電池の寿命は長く、価格も大量生産されると鉛電池と同程度に下がるともいわれる。EV1台分の電池を20万円とすると、1km走って0.5円で、充電の電気代を含めても燃料代はエンジン車（リッター10km走るとして1km10円）の半分以下となる。

　EVが燃料電池車の有力なライバルになる理由はほかにもある。まずインフラ整備の圧倒的な差である。燃料電池車は、水素の製造、運搬、貯蔵、補給、それらの安全確保といった多方面の技術開発と設備が必要だ。いっぽう、EVは家庭用のコンセントで充電可能である。しかも、夜間電力を使うとすべての自動車がEVになっても新たな発電所建設の必要はない。

　次に構造の差だ。燃料電池車に比べてEVは圧倒的にシンプルである。したがって安い。

　航続距離も現在の燃料電池車の実走行航続距離100kmに対してEVは400km。そして根本的な差は、EVがすでに完成された技術であるのに対して、燃料電池車はこれから熟成すべき技術がたくさんあるということだ。

　燃料電池車とEV。競い合って性能を高め、コストダウンを達成し、将来には互いに助け合いながら、共に走れるようになってほしい。

## 世界はキャパシタを待っている

ディーゼルエンジンを搭載するトラック／バスに対する風当たりが強くなっているが、ディーゼルメーカーも環境問題解決に努めている。たとえば、日産ディーゼルは自社でキャパシタ（畜電器）を開発し、省燃費でしかも低排出ガスのハイブリッド・トラックを発表した。埼玉県上尾市の同社本社で、研究部技監の佐々木正和氏に話を聞いた。

日産ディーゼルのキャパシタハイブリッド・トラック。通常の4トンクラスだと価格は500万円程度であるが、これは1500万円弱。普及にあたっては、コスト低減が急務となる。同社では、ほかにもCNG（Compressed Natural Gas）エンジンとキャパシタを組み合わせたハイブリッド・バスの開発も進めている。CNGには、ディーゼルのように希薄燃焼させるものと、燃料と空気を理論混合比で燃焼させるものの、ふた通りがある。同社が採用したのは排ガスと熱効率のコントロールが容易な前者。CNGエンジンは発電に専念し、駆動力はモーターだけが発生する、"シリーズ"タイプのハイブリッド。ちなみに、ハイブリッド・トラックのほうは内燃機関とモーターの双方で駆動する"パラレル"タイプ。CNGは石油より10年ほど採掘可能期間が長くなる予定だという。

# キャパシタとバッテリーの違いとは？

**サトー** 御社のキャパシタハイブリッド・トラックが、燃費で従来のディーゼルトラック比1.5倍、NOx（窒素酸化物）は現行規制に対して44％減、PM（粒子状物質）は現行規制に対して66％減少したと聞きました。まず、「キャパシタ」とは何か、から教えてください。

**佐々木** 簡単に言うと、静電気として電気を貯えるコンデンサーですね。広い意味での電池だと考えていいでしょう。

**サトー** キャパシタの特徴をわかりやすくご説明いただくために、バッテリーとの性格の違いをあげてください。たとえば、トヨタ・プリウスはキャパシタではなくバッテリーを用いたハイブリッド方式を採用しています。

**佐々木** 難しい言葉で言うと、キャパシタのほうが充放電効率に優れます。ブレーキをかけて止まる時に発生する制動エネルギーを効率よく回収できるなど、大きな電流の頻繁な出し入れに向いています。

**タテウチ** 充放電効率が低いと、回生エネルギーが熱で逃げることにも繋がる。せっかく使えるエネルギーがあるのに、それが熱に姿を変えてどっかに行っちゃうんだ。

**佐々木** もうひとつ、熱が出ることは電池の劣化に繋がりますので、クルマの寿命にも影響をもたらします。しかしキャパシタにはエネルギー密度が低いという短所があります。つまり、一度に蓄えることができるエネルギー量が小さい。頻繁にエネルギーを出し入れすることには向いていないっぽうで、たくさんのエネルギーを蓄えてそれを徐々に使うにはバッテリーのほうがいいでしょう。

**サトー** 優劣でなく、向き不向きがあるというわけですね。

**佐々木** トラックやバスは乗用車より比べると非常に重いので、プリウスのような乗用車よりもブレーキング時に発生する制動エネルギーが大きくなります。したがって、制動エネルギーを効率的に回生したほうが燃費向上に効くと考え、キャパシタを採用しました。

**タテウチ** システムの具体的な作動方法を教えてください。

**佐々木** まず、停止する時にブレーキングで発生するエネルギーを電気としてキャパシタに貯えます。発進時にはその電気エネルギーでモーターを駆動します。徐々に速度が上がり電気が減るとエンジンが駆動力を出し始め、モーターとエンジンの併用という形になります。キャパシタに貯えた電気エネルギーがさらに減ると、エンジンだけで走

ようになります。ハイブリッド車にはパラレル式（エンジンとモーターの両方で走る）とシリーズ式（モーターだけの力で走り、エンジンはあくまで発電用）がありまして、弊社のハイブリッド・トラックはパラレル式になります。

タテウチ 回生ブレーキで充電するということですが、エンジンでは充電しないのですか？

佐々木 渋滞がひどいようなときにはクルマのあちこちで電気を使うので、発進に必要な電気エネルギーが不足することがあります。そんなときには、エンジンのアイドリング回転でも充電します。ただし、これはあくまで補助的なもので、基本的にはブレーキの回生エネルギーで充電します。普通の減速ですとモーターの回生制動だけで止まるくらい、ブレーキエネルギーの回生を重視したシステムなのです。

タテウチ すると、もうブレーキは要らないですね。

佐々木 要らないということはありませんが、通常のブレーキよりも、交換期間が2倍から3倍に伸びます。

**ディーゼル列車にキャパシタを備えれば……**

サトー ハイブリッド開発のスタートはいつでしょうか？

佐々木 バス、トラックのハイブリッドについては1990年代初頭に始まりました。なぜかというと、バッテリーとキャパシタの両方を含む、広義の"電池"に使えるものがなかったんですね。鉛電池のバッテリーは寿命が短いので、リチウム・イオン電池が本命ではないかと踏んでいました。

タテウチ リチウム・イオン電池からキャパシタへの方向転換は大きな決断だったと思うのですが。

佐々木 あくまでメインがリチウム・イオンで、キャパシタはサブで研究をしていました。ところが、リチウム・イオンがいくら性能がいいからといって少量だけ積めばいいというわけではないことがわかってきました。また、リチウム・イオン電池には寿命と安全性の問題もありました。いっぽう、キャパシタの弱点だったエネルギー密度の問題が解決できる糸口が見えてきたのです。

サトー それは、どのような糸口ですか？

佐々木 キャパシタの開発をコンデンサーのメーカーに外部委託していたのですがうまくいかない。そこで自分たちでやってみたところ、何となく見えてきたんですね。

タテウチ それ、面白いですね。キャパシタの中身って活

佐々木　本当にそうなんです。われわれも食品をこねる機械を購入して、活性炭を練りました。意外と練り方が難しかったり、練った活性炭に"つなぎ"を入れなければいけなかったり、本当に食品のようでした。

タテウチ　機械の専門家が一所懸命に練ったわけですね。

佐々木　ただし、キャパシタの専門家に言わせると、われわれが作ったものは異端であるようです。内部抵抗の数値はあまり良くないのですが、最新の高性能キャパシタと較べても1・6倍とか1・7倍のエネルギー密度がある。

タテウチ　電池屋さんは電池しか見ていないけれど、クルマ屋さんはクルマにあった電池を作る。だから開発スピードが速くなって、常識外のキャパシタができたんだ。

佐々木　われわれはクルマ屋なんで、キャパシタの専門家ではないんです。だからキャパシタ単体で見ていいか悪いかよりも、クルマ全体で見ていた部分はありますね。

タテウチ　ノーベル賞を取った田中耕一さんと同じですね。彼も自分は科学者じゃなくてエンジニアだとおっしゃっていたけれど、目標が明確だからモチベーションが高い。

性炭だから、炭をグリグリやって粉にして、電解液を混ぜてドロドロにしてからアルミの板に貼るだけですから、活性炭と電解液しか使っていませんから。

佐々木　もうひとつ、キャパシタは使った後での処理が楽だということもわかってきました。先ほどお話したように、

タテウチ　リチウム・イオンにしろニッケル水素にしろ、使用済みのものをどう処理するかという問題はありますね。

佐々木　実は、キャパシタというのは90年代にどのメーカーも諦めたハイブリッド車の技術です。普通ならリストラされる研究テーマでしょう。ところが、弊社に「キャパシタの可能性を追求しろ」という役員がいたんです。

タテウチ　重役クラスに理解のある人がいると、新しい展開が可能になりますね。とにかく、キャパシタを含めた電池はご自分でやったほうがいいですよ。電池は動力性能とかクルマの味に直結するから、つまりエンジンなんです。この開発や生産までを外部委託しちゃうと、自動車メーカーが組み立て屋さんになっちゃいますから。

佐々木　それに、自社開発のほうが安くあがりました。

タテウチ　自動車以外にも、ビジネスのチャンスが拡がるかもしれませんよ。ここ5年くらいで$CO_2$排出に関する企業間取引がどうなるか、明らかになります。すると、どんな分野も優秀な電池を必要とする。大儲けできるかもし

れませんよ、世界中が欲しがりますから。

佐々木　実は、汎用のものを含めてキャパシタの引き合いが多くて大わらわなんです。それで生産工場も作りました。

サトー　汎用というと、どんなものにキャパシタを？

佐々木　たとえばディーゼル列車です。

タテウチ　あれはディーゼル機関と電気のハイブリッドだ。

佐々木　ええ。物凄い重さのものを高速から制動するので、回生制動しないとブレーキが摩耗するのです。

タテウチ　普通の電車はどうですか？

佐々木　あれも回生ブレーキですが、効率が悪いのでエネルギーを回生しても熱として棄てているんです。

タテウチ　そこに優秀なキャパシタがあれば、電車も大きく変わりますね。

佐々木　契約上言えないことも多いんですが、キャパシタはいろいろお役に立てると思っています。いま、ディーゼルエンジンには逆風ですが、すぐに燃料電池車に移行できるかといえば難しいと思います。石油を使いながらもできるだけクリーンなクルマがあって、その後に燃料電池車の時代がくると考えていますので、ハイブリッド車には大いなる可能性があると考えています。

# Watch out!

舘内 端

## 崖っぷちからの生還

　日本はダメだとあらゆる所でいわれるが、ここに登場する企業人はがんばっている。

　日産ディーゼルのウルトラキャパシタ開発者もそうである。

　ディーゼル自動車メーカーには、02年の東京公害裁判で限りなく黒に近い白の判決が下された。メーカーは、なんとしても起死回生しなければならない状況におかれている。

　企業の命運と技術者の意地をかけた戦いが始まっているのだが、その必死さが部品メーカーに伝わるとは限らない。とくにディーゼル車とは無縁である電気部品メーカーに、その必死さが伝わったかというと、大きな温度差があったのではないだろうか。

　だったら自分で開発する。この決意が新型のウルトラキャパシタの成功につながったと思う。しかも、開発者はキャパシタの専門家ではなかった。見よう見まねで実験し、失敗を重ねて作ったはずだ。

　それにもめげず、開発を続けられたモチベーションは何だったか。それは自分たちが置かれた状況が大変に厳しく、このままでは明日はないという思いである。新技術の開発は、崖っぷちに追い込まれてこそ成功するものなのだ。

　そして、その新技術が新たな事業展開を可能にする。これまで縁のなかった企業から問い合わせがあいついでいるという。自動車メーカーが電気メーカーに変身するかもしれない。

　産業構造の変革は、大上段に振りかざした刀からではなく、こうした地道な努力から起こるのではないだろうか。

# 大きな会社の小さなモーター

EV用モーターの開発は、まだ始まったばかりである。したがって、自動車メーカー以外にも大いにチャンスがある。その一例が、三菱重工神戸造船所である。三菱重工製のモーターは、三菱エクリプスEV（プロトモデル）に搭載されて四国一周800kmを走破するなど、最も進んだEV用モーターのひとつだと言われている。取材に応じてくださったのは、同社機械・宇宙部の馬場功氏と藤原謙二氏である。インタビュー収録後に社内異動があり、現在は馬場氏が機械・環境プラント部、藤原氏が機械・環境プラント部EVモータ課に所属している。

三菱重工・神戸造船所で開発された、EV用モーター。四国一周の公開実験では、3時間半の充電で日本電池製リチウム・イオン電池との組み合わせで400kmを走行した。わずか数年で50％の軽量化がなされ、重量は約47kgに収まっている。

## ゼロからの自動車業界参入

**サトー** 2001年の8月に、三菱エクリプスEVのプロトタイプが四国一周800kmを、たった一回の充電で走り切ったときには驚きました。同時に、エクリプスEVが三菱重工製のモーターを採用していることにもびっくりしました。

**藤原** EV用モーターも開発しているんですね。御社は、EV用モーターを採用しているんですか。

**サトー** EV用モーターの開発を始めたのが1997年ですから、5年ほど前です。EV用モーターを始める前は、普通の産業用モーターを開発していました。われわれの部署の名称は、三菱重工業株式会社神戸造船所機械・宇宙部メカトロ設計課ですが、船、原子力、鉄橋、いろいろとやっています。そして私と馬場がモーターの開発をしています。

**藤原** 産業用からEV用に転じたきっかけは何でしょうか？

**サトー** 馬場が研究と開発を担当し、私が番頭という分担でしょうか。そんなふうにやっておりまして、けれども産業用モーターをやっていた頃は、2000社ほど営業しても成功したのは1社か2社しかありませんでした。ただ、われわれのモーターは機械としては悪くないんですよ。一般には大きな商品しかやらないイメージがあるようで、弊社

の商談で馬場と二人でアメリカに行きまして、帰りにニューヨークの空港へ向かうタクシーの中で話し合いました。そこで「これからは電気自動車ではないか」となりました。

**タテウチ** EV用モーターだと閃いた瞬間が興味深い。

**馬場** 当時はトヨタ・プリウスが登場する少し前で、モーターを積んだハイブリッド車が出る、という噂は知っていました。もしかすると今後、自動車用モーターに需要があるのではないかと思ったのです。また、EV用モーターの専門メーカーというのがまだありませんでしたし、自動車メーカーは産業用機械メーカーよりはるかに数が少ない。2000社も回らなくて済みます。これはいける、と。

**藤原** 自動車産業については素人だったんですよね。

**タテウチ** はい。「自動車工業会ってのがどこかにあるんじゃないか」「大手町にありました」なんてやってましたから。

**サトー** いきなり自動車をやることに、会社がGOサインを出したことも興味深いのですが。

**藤原** 東京の本社の営業部長が「それだ、やるぞ」といいまして、こちら（神戸）の営業部長もなぜか「これからは電気自動車だ」と言ったんです。私がプレゼンしたのです

が、あっさりOKが出て、自分でびっくりしたくらいです。時期がよかった、というのはあると思います。

サトー　それでEV用モーターの開発をスタートしたわけですが、一般機械用モーターとは何か違いはありましたか？

馬場　基本は同じだと思います。効率がよくて、さらに効率のよい範囲が広いほどいい。そこは共通していますね。

サトー　EV用モーターは最初からうまくいったんですか？

藤原　いえいえ、初めて試作品を回したときには、びっくりするくらいの音が出ました。試行錯誤しています。

タテウチ　それでも、三菱エクリプスEV用モーターは最高出力が100kW、つまり130psでしょ。130psのエンジンをゼロから作るとなると、5年やそこいらじゃ無理ですよ。音、振動、燃費、出力特性、そこに人間の感覚が入ります。1000分の1秒のレスポンスとか。そう考えると、モーター開発はエンジン開発より少人数、短期間で出来るんですね。

藤原　基本的には、ふたりっきりでやっています。

サトー　EV用モーターは、産業用モーターよりも小さいはずだと素人は考えるのですがいかがでしょう？

馬場　それはその通りです。同じ大きさでより大きな出力

が出るのが優れたモーター、同じ出力だったらより小さいモーターのほうが効率がいいという認識でやっております。

タテウチ　小さくするという制約から新しい発想が出てくる、ということもあるんでしょうね。

馬場　それは間違いなくあります。

## 家族に胸をはることができる

サトー　5年ほど開発して、EV用モーターの将来性についてどのように感じていらっしゃいますか？

藤原　馬場は十数年、ずっとモーターのことばかり考えている人間なのですが、馬場と一緒に計算すると、どう考えても電気自動車の効率がいい、ということになります。将来性、ということだと非常に明るいんじゃないでしょうか。

馬場　ガソリンエンジンで一番進んでいるのがトルクで7000Nm（＝71・4kgm）程度でしょうか。モーターだと、それくらいは大したことありませんから。

タテウチ　もうひとつ大事なのは、フィーリングの問題なんです。僕はレーシングカーの設計までやって、評論家としてもいろんなクルマを経験したからエンジンについては

藤原　私たちがやってきたことがどうやらそんなに間違っていないようで、安心しました。

タテウチ　ガソリンエンジンでいうと、いまはV型12気筒が最高峰なんです。たとえばメルセデス・ベンツのS600とか。でも、モーターだとこれを簡単に凌駕してしまうんです。環境問題もありますが、フィーリング、つまり商品性を考えても、モーターには未来がある。フィーリングなんて、体感しない人にはわからないのですが。

藤原　われわれをこれほど理解してくださる人はいなかったので、今度は取材抜きで食事でもしたいくらいです(笑)。

タテウチ　実はいま、100万円・4人乗り・航続距離200kmの国民電気自動車を作ろうと考えているんです。

藤原　同じことを考えていました。われわれが注目しているのは、ワゴンRのような軽自動車なんですが。

タテウチ　それもアリですね。あとはBセグメントと呼ばれる、ヴィッツ、マーチ、フィットのサイズ。電池はまだ高いので電池銀行を設立して、ユーザーは使った電代だけを払う。高いと言われる高性能電池でも1kmあたり10円くらいですが、それが5円、3円になったら圧倒的にガソリンエンジン車より安い。電池を別にすると、5年ローン、頭金なし、利息は国が負担して、1か月で1万6666円、なんてどうでしょうか。

藤原　それ、いいですね。それから、会社が許可してくれるなら、実用車とは別に、ランボルギーニ・ムルシエラゴと同等の加速のEVを作らせてほしいですね。

タテウチ　そっちの方向もおやりになったほうがいいですよ。生活と夢、両方がないとダメですから。

サトー　話が前後してしまいましたが、最後に御社のEV用モーターの特徴を教えてください。

馬場　モーターには直流式(DC)と交流式(AC)があります。DCに直巻式というのがあって、これはトルクはあるけれど効率が悪いので多くの電流を流すEVには向いていない。ACは高回転でいいのですが、低い電圧で効率が悪い。そこで、DCのブラシレスモーターというのが主流になると思います。われわれが用いるDCブラシレスは、IPMと呼ばれる磁石埋め込み型のものです。磁石の働きで高回転まで回るうえ、効率も良くなり、可変範囲も広

なります。さらには冷却性にも優れるので信頼性も増す。

**タテウチ** トヨタのプリウスもIPMを使っていますね。

**タテウチ** プリウスのようなハイブリッド車でも、やはり優秀なモーターが欲しいんです。これからはハイブリッド車の電池が進歩するでしょうから、だんだんエンジンの出番が少なくなります。エンジンとモーターの両方を使って走るハイブリッド車をパラレル式、エンジンは発電だけ受け持って、その電気を使ってモーターで走るハイブリッド車をシリーズ式と呼びますが、自動車メーカーは最終的にはシリーズ式をやりたい。するとモーターだけで走るわけですから、優秀なモーターが必要になります。

**馬場** われわれも、もう少し出力をあげないといけない。

**サトー** 自動車用モーターをやって感想はいかがでしょう？

**馬場** 産業用モーターと違って、自動車用モーターは技術の方向がまだふらふらしているように思うのです。したがって、いいものを出せば勝ちですよね。

**藤原** 自分の子どもに、オトーサンは地球をよくする仕事をしてるんだ、って言えますね。ウソかホントかはわかりませんが（笑）。真面目な話、温暖化のニュースなどは家族の身近な話題になっています。

## Watch out!

舘内 端

### モーターが回るとクルマ屋が儲からない？

　工場の中に信号機の付いた交差点があることに、まずは驚かされた。とてつもなく大きな工場である。通されたビルに入ると、1階に造船やらダム工事やら発電機やらの大きな写真が飾られ、三菱重工の歴史が紹介されていた。まさに、日本の産業史であった。

　これが馬場さんの頭の中を形にしたものですと、差し出されたモーターを見た。小さい。モーターを初めて見る人は、これで130馬力も出ると知ったら腰を抜かすだろう。しかも、製作の依頼を受けてすぐに出来てしまったという。

　たった一人の開発スタッフで、短時間で完成してしまうモーターという原動機の省力性、省エネ性は、「重工」のイメージからはまったく想像できない。しかし、確実に、時代は重厚から軽薄短小に動いている。自動車の原動機も例外ではないということだろう。

　そのいっぽうで、モーターのこのシンプルさが、かえって自動車産業の構造改革を遅らせているともいえる。

　構造がシンプルなモーターは、開発費はもちろん、生産コストも低く、クルマに合わせた出力調整も容易であるから種類も少なくてよい。また、耐久性は半永久である。さらに、小さくてもトルクは大きく、パワーも出る。静かで、回転はスムーズだから、乗り心地は高級車だ。

　ということは、自動車の原動機がモーターになると、メーカーの収益性が悪化するということなのだ。安いから普及しない？　そんなバカな話はないだろうが……。

# 安い！遅い!!（空気が）うまい!!!

誰もがどこでも買うことができるEV（電気自動車）は、四輪より二輪が早かった。2002年10月9日、ヤマハ発動機が排ガスゼロの"ミニマムコミューター"、パッソルを発表したのだ。静岡県磐田市のヤマハ発動機本社にて、同社MC事業本部の寺田潤史氏と中道正和氏が開発の経緯、今後の課題、普及の見込みなどを語ってくれた。

パッソルは、定格出力0.58kWの交流モーターとリチウム・イオンバッテリーを搭載し、30km/h定地走行で32kmという航続距離を実現した。新神戸電機と日立製作所との共同開発となるバッテリーを80％まで充電するのに要する時間は、1.5～2時間。100％までだと2.5時間。2002年10月より首都圏で限定500台の販売を開始した。価格は20万円（別売りの専用充電器は1万5000円）。原付1種登録となる。

# 1万5000km走ると、4万3950円もお得

**サトー** 電気で動くスクーターの開発をいつ頃から始めたのか、その経緯からお伺いします。

**中道** 1991年の東京モーターショーに「FROG」という電動スクーターを出展したのがスタート地点です。93年には電動アシスト自転車「パス」を発表しまして、あれで随分とノウハウを蓄積することができました。

**寺田** 今回の「パッソル」については、2000年春からイメージを考え始めました。

**中道** パッソルを事業部として取り組んだのが2001年春からですね。そして2001年秋の東京モーターショーで好評だったことから、商品化することになりました。

**サトー** 市販できるようになったポイントは何でしょうか？

**寺田** 要は、コスト、機能と性能、そして価格のバランスです。これまでコンセプトカーとして発表した電動スクーターは、エンジン車と同じ動力性能を謳ってきました。けれども、そうすると航続距離を含めてネガティブなところばかりが目につく。私は電池の開発も担当しているのですが、いまの技術で可能になる電池のエネルギー密度は、ガソリンに較べると40分の1とか50分の1なんです。したがってエンジンを搭載するスクーターの代替という位置づけで勝負するのは難しい。そこでエンジン搭載のスクーターとは違うカテゴリーを作ろうと、発想を転換しました。

**中道** したがってスクーターとは呼ばずに、われわれはあえてミニマムコミューターと呼んでいます。

**サトー** パッソルの発売にあたっては東京地区で500台限定という方法でしたが、理由はありますか？

**中道** 都市部でこの手の需要が多いのではないかと考えたのです。東京地区で先行販売し、お客さまがどのように受け取るかを見てから全国展開する予定です。

**サトー** 限定したのはコストや採算が理由ではない、と？

**中道** そのへんは問題ないです。

**タテウチ** 確かに、都心は業務用の二輪がたくさん走っていますもんね。バイク便、宅配ピザ屋さん、郵便屋さん、あの辺が一挙に電動スクーターになると、随分と変わる。

**寺田** 原付きスクーターの使途を調べると、一般ユーザーのかたでもコンビニなどショートレンジの移動が主なんですね。動力性能も航続距離も、近距離移動に焦点をあてておりまして、エンジン車とは土俵が違うと考えています。

サトー 市販化にあたっての技術的ポイントはありますか?

寺田 まず、電池を着脱可能にしまして、家の中で充電できることがウリです。集合住宅にお住まいのかたも多いので、屋外で充電するのでは受け入れられないと考えました。

タテウチ 電池の重量はどのくらいですか?

寺田 6kgです。より重い電池を使えば航続距離は伸びますが、軽い電池でどこまで距離を伸ばすかがテーマでした。30km/hの定地走行で32kmの航続距離を実現しています。

サトー 32kmという数字はどのように算出したのでしょう?

寺田 ひとつは、スクーターをお使いになっているかたへのリサーチです。もうひとつ、営業のほうから最低でも30kmは達成してほしい、という話もございました。

タテウチ この電池は、何回の充放電に耐えますか?

寺田 500回の充電に耐えます。

タテウチ すると30km×500回で1万5000km。スクーターって年間にどのくらい走るんでしょうか?

中道 よく乗られる方で、2500kmとか3000km。5000kmはいかないですね。

タテウチ すると、最低でも5年はバッテリー交換不要だ。

サトー バッテリー単体のお値段は?

寺田 5万4800円です。ただし、ランニングコストの安さからバッテリー代の大部分が浮くと計算しています。

タテウチ ガソリンエンジンの50ccスクーターの燃費は30km/ℓくらいかな。レギュラーガソリンの値段を1ℓ100円として、100円÷30kmで1km走るのにかかるコストは3円33銭。これにプラス、オイル代が必要だね。

タテウチ パッソルは1回の充電が、満タンで約12円です。

タテウチ すると12円÷30kmで、1km走るコストは40銭。3円33銭から40銭をひくと2円93銭だから、1km走るのにかかるコストがエンジンのスクーターとパッソルでは2円93銭も違う。1万5000km走ると仮定すると、2円93銭×1万5000kmで、4万3950円。オイル代を考えると、もうちょっとで電池代が浮く。

寺田 本当は、パッソルのほうが安上がりだと言いたいところなんですが。

タテウチ 電池交換しなければ4万3950円がまるまる浮くわけだ。

寺田 パッソルの航続距離はあくまで定地走行なので、実際はもう少し低くなります。

タテウチ それにしても、いいセンですよ。

## テストライダーの評価は×、女性の評価は○

サトー　航続距離や経済効果とは別に、電動スクーターのフィーリングはいかがでしょう？

寺田　二輪の場合は、加速とか最高速、パワーや登坂力で性能が語られることが多いのですが、評価軸そのものを変えたいと考えています。たとえば、優しさだとかスムーズさだとか。スロットル信号による駆動力制御は電気のほうがやりやすい、という利点を活かして、いままでの二輪車とは違うフィーリングを実現したいと考えています。

タテウチ　さっき乗せてもらったけれど、音も振動もなくて、発進なんて本当にスムーズなんだ。新しい感覚だよ。これ、音を完全になくすことも可能なんですか？

寺田　モーター音を完全に無音にするか、少し音を出すかは検討課題ですね。いまは、エンジン搭載のスクーターから乗り換えても違和感を感じないよう、少し出しています。

サトー　御社のテストライダーの評価はいかがでしたか？

寺田　踏んだり蹴ったりでした（笑）。けれども、女性に試乗してもらうと「優しくていい」という評価ばかりです。これをテストライダーに聞かせると納得してくれました。

タテウチ　女性の評価で、印象的だったことはありますか？

寺田　ガソリンスタンドに比べると、スタンドつて"工場"って感じでしょ。女性は行きたくないんですね。

中道　普通のスクーターは音がうるさくて怖いけれどこれなら乗れる、という女性の意見も多かったですね。もちろん女性もいろいろいらっしゃるんですが、社内を説得するときに「女性の意見はこうですから」といってコンセプトを貫くことができたのはみなさんニコニコ帰ってくるんです。事実、試乗してくださった女性のかたはみんなニコニコ帰ってくるんです。

タテウチ　つまり、女性がパッソルを作ったんだ。

サトー　パッソルはデザインも素敵ですからね。

中道　いかに従来のスクーターとは違う新しさを打ち出るか、考えました。もうひとつ、乗った人が美しく見えるように、というテーマでデザインしたんです。

タテウチ　デザインの素の力が出ますね。エンジンとかマフラー、キャブレターとか、二輪車のお約束ごとが少ないから、自由なぶんだけデザイン力が要る。

中道　車体に関して言いますと、軽量化にも注力いたしま

寺田　LCA（ライフ・サイクル・アセスメント＝材料製造から廃棄にいたる環境への影響）も考えました。つまり、製造過程で環境負荷をあたえてはいけないということです。

中道　LCAだと、$CO_2$で約60％、NOxで約90％、SOxで約80％の低減に成功しています。

サトー　このまま4輪EV（電気自動車）もできそうです。

寺田　商品性を含めてどう考えるかですね。

タテウチ　あまり大きくしなければ、このままできますよ。お年寄りの足にもぴったりだから、需要もあるでしょう。多分、いまやってるから（笑）。

中道　いや、われわれはできるところから地道に（笑）。93年にパスを市販しまして、累計で62万台をお使いいただいています。お客さんの声を受け、どんどん改良していますが、そんな具合に下から徐々にやっています。

タテウチ　地に足がついていますね。

寺田　パスとパッソルは部品に共通するものはないのですが、サービスや製品に込めた願いは共通していますから。

# Watch out!

舘内　端

### 新しいモビリティの新しい生活

　次世代車の夢を語ることは容易だ。あるいは、次世代車を他人事のように批評することも容易である。だが、今、それを生産し、販売するのは、大変に困難だ。夢を語るかわりにソロバンをはじかなければならず、批評するかわりに、生産の現場で、販売の現場で、さまざまな問題について真剣に渡り合わなければならない。

　そんな修羅場を何度もくぐって、電気パッソルは生まれ、今、販売されている。

　完成度の高さ、仕上の良さ、デザインの秀逸さ、コンセプトの明解さは、きっとその修羅場で鍛えられたのだろう。ヤマハは、良い修羅場と、それにめげずがんばった良い開発陣に恵まれたと思う。

　とくに、尻の重い電池メーカーを説得し、市販に耐えられる性能、信頼性、価格を実現させた努力には、敬服する。

　こんな素敵なEVを見ると、バイク好きの私はすぐにチューンアップしたくなる。悪い癖だ。まず充電器を載せたい。これでどこでも充電できるから、遠出ができる。充電インフラがないって？　そんなものはいらない。1回12円の充電だ。コンビニ、ソバ屋、レストランにスーパー、なんなら交番だってコンセントを貸してくれる。そうやって、電気スクーターで日本橋から鈴鹿サーキットまで走った友人がいるのだから。夏にはソーラーパネルを組み合わせて北海道を1周しよう。スペアの電池を2セット用意すると、一気に100km走れる。電気スクーター・ライフは、新しいモビリティを発見させてくれる。

第5章

# インフラはどうなっているのか？

次の時代の自動車社会は大きく変わるだろうが、ここで問題となるのはインフラである。水素社会になるにしろ、電気自動車が台頭するにしろ、現有の設備では対応できない。誰が水素を作り、誰が水素や電力をクルマに供給するのか。

## 日本初の水素供給ステーション

「燃料電池車普及のネックは水素インフラ」と言われるが、日本国内で3カ所の水素供給ステーションが実証実験を行っている。大阪ガス酉島技術センター敷地内に建設された日本初の水素供給ステーションを訪ね、水素インフラはすぐに整うのか、あるいはまだ時間がかかりそうなのかを確認した。質問に答えてくれたのは、水素ステーション計画のとりまとめ役を務めた、岩谷産業の岩澤陸氏と、岩谷瓦斯の岩田健次氏である。

圧縮水素を燃料電池車に充填するためのノズルを持つ舘内端。この水素ステーションは、新エネルギー・産業技術総合開発機構（NEDO）の水素利用国際クリーンエネルギーシステム技術開発（WE-NET）プロジェクトに基づき開発された。1998年にスタートし、2003年までの5カ年計画で水素ステーションの実証実験が行われている。

# 燃料電池車1台を10分で満タン

サトー　日本初の水素ステーションの概要から伺います。

岩澤　この施設は、NEDO（新エネルギー・産業技術総合開発機構）のWE-NET（World Energy Network＝水素利用国際クリーンエネルギーシステム技術研究開発）計画の一環として、1998年に構想が持ち上がりました。2002年2月に竣工し、現在は実証試験を行っています。

サトー　ガソリンスタンドに近い雰囲気ですが、実際に燃料電池車が水素を入れに来ても大丈夫なんでしょうか？

岩澤　はい。現在発表されている燃料電池車は圧縮水素（気体）を搭載するタイプで、圧縮水素タンクの容量は1〜50ℓ程度です。これに圧縮水素を25MPaGで充填すると、約10分で満タンになります。

サトー　にじゅうご・メガパスカルゲージ？？？

タテウチ　説明を加えると、1MPaGは約10気圧ですね。だから25MPaGは約250気圧。燃料電池車の圧縮水素タンクの容量を150ℓとすると、250×150÷100＝37・5で、水素が37・5N（ノルマル）㎥入る。

サトー　ノルマルとは何を意味する単位でしょう？

岩澤　温度0度Cで1気圧の意味です。

タテウチ　37・5N㎥の水素の重さは2kg弱。気体だから温度と圧力で変わるんだけど、つまり約2kgの水素を10分以内で充填する設備なんだ。水素2kgの熱量はかなりのもので、燃料電池車は400km走ることになっている。

サトー　すると、これはガソリンスタンドと利便性では大差ない。

岩澤　ただし、これはあくまで実証実験用の施設です。本来あるべき水素供給ステーションの10分の1の規模なので、24時間稼働したとしても1日あたり10台への供給が限度です。クルマへの水素の充填じたいは10分で済むのですが、次のクルマへ充填するまでに1時間ほどかかるのです。

岩田　とはいえ、水素の圧力を上げる蓄圧器を置くスペースの問題だけなので、設置する面積さえ確保できれば充填間隔の短縮は可能です。

サトー　どういった仕組みで水素を充填するのでしょう？

岩澤　まず水素製造部で水素を作ります。水素製造部には改質ユニットと精製ユニット、ふたつの装置があります。今回は天然ガスを改質して水素を製造する方式を採っていますので、都市ガスを原料にします。改質ユニットでは硫黄分の除去、つまり脱硫を行います。次に700度Cまで温

度を上げる水蒸気改質という方式で水素を取り出します。

岩田 しかし改質ユニットで作った水素には、不純物が入っているので、精製ユニットで精製します。

サトー 不純物とは、具体的には何を指すのでしょう？

岩澤 まずCO、これをCO₂にします。水分も邪魔です。ここで行うのは圧力スイング方式という精製方法ですが、これで純度99・99％以上の水素ができあがります。

タテウチ 水素製造部で技術的に新しいことはありますか？

岩澤 いえ、改質ユニットは既存の50kW級燃料電池のものですし、精製ユニットも従来からあるものをコンパクトにしたものです。それぞれのユニットをコーディネイトする技術が新しいといえば新しいのですが、その程度です。

サトー 個々の技術としては昔からあったんだ。

タテウチ 水素製造部で作られた水素は、どのように燃料電池車に供給されるのでしょうか。

岩澤 水素製造部で作られた水素は、ふたつのラインにわかれます。ふたつというのは、燃料電池車の種類にあわせて2種類が必要になるからです。ひとつは、水素吸蔵合金に水素を貯える燃料電池車用で、こちらは低圧水素ラインと呼びます。もうひとつは、圧縮水素を高圧タンクに貯える燃料電池車用で、こちらは高圧水素ラインと呼びます。

サトー 低圧と高圧の違いは？

岩澤 低圧はAB5系等の吸蔵合金に水素を貯蔵します。

サトー AB5系といいますと？

岩澤 有名なのが、ランタンとかニッケルですね。水素吸蔵合金にはさまざまな特徴がありまして、たとえば水素を吸わせるときには冷やし、放出させるときには温めないと機能しないものなどがあります。今回の設備の吸蔵合金では、冷却水で32度C以下に冷やして吸蔵し、熱媒で70度C以上に加熱して放出する仕組みが備わっています。

岩田 高圧水素ラインでは、圧縮機で0・85MPaGの水素ガスを40MPaGまで昇圧します。容量としては30N㎥/hで、これがどの程度の能力かと申しますと、さきほど話が出たように現在の標準的な燃料電池車1台を満タンにする水素量を確保するのに1時間ほどかかります。

岩澤 高圧水素ラインでは、次に、40MPaGの圧縮水素ガスを高圧タンクに貯蔵します。そして高圧ディスペンサーから燃料電池車に備わる高圧タンクへ充填する、というのが全体の流れですね。

# いまはまだ、チャレンジの時期

サトー では、水素インフラの見通しについて伺います。

岩澤 この施設を作った目的は、簡単に言うと実証実験です。水素供給ステーションを作るには費用がいくらかかって、どのような問題点が出てくるかを検証しました。

サトー 建設の実証実験が終わった現在は、水素を供給する実証実験の段階になっているわけですね。

岩澤 そうです。そして2年半ほど水素を実際に充填する試験を行って問題点を洗い出す予定です。

サトー ほかにも水素供給ステーションがあるそうですが。

岩澤 WE-NET計画では、ほかに2カ所のステーションが存在します。ひとつは香川県高松市で、水の電気分解で水素を発生させています。もうひとつは神奈川県横浜市で、工場で製造した水素を搬入するステーションです。

サトー この施設の建設費用はいくらだったのでしょう？

岩澤 実験用なので具体的な値段は難しいのです。将来的にガソリンスタンドと同程度になるかを検証しています。

サトー ここで製造される水素の価格はどの程度でしょう？

岩澤 同じ理由でここでは製造コストも算出していません。将来的には水素製造のコストも算出する予定ではあります。

サトー ステーション建設の段階で、困難はありましたか？

岩澤 難しかったのは、安全確保です。都市ガスの漏れを検知するセンサー、水素ガスのセンサー、火焔検知器、強制換気、あるいは高さ2mの障壁を建てることが法で定められているなど、いろいろありました。

タテウチ 最初は慎重にやらないと、受け入れられない。

岩澤 水素は危険だというアレルギーがありますから。

タテウチ 水素はものすごく拡散するから、オープンエアではちょっとくらい漏れても本当は大丈夫なんですけどね。

サトー 水素を製造する段階で問題はありましたか？

岩澤 水蒸気改質では700度Cまで温度を上げるのですが、低温から700度Cまでもっていくのが難しいですね。

舘内 どうやって温度を上げるのですか？

岩澤 天然ガスを燃やします。

サトー 水素供給ステーションを、マンションやビルなどに設置することも検討されているようですが。

岩澤 将来的には十分考えられるのではないでしょうか。

タテウチ ビルに設置してそこで水素を作るのではないけれど、効率を考えるとどこかで集中的に水素を作る方法もあるし、

岩澤　コスト以外に法規制の問題もあります。現状では市街地に水素ステーションを作ることは難しい。また、液体水素を運ぶタンクローリーも経路報告の義務があります。

岩田　水素を高圧タンクに充填するにも許可が必要です。

岩澤　そういった法規制緩和のためにも、水素供給ステーションを実際に作って稼働する実証実験を行っています。

サトー　施設を見せていただくと、この仕組みをクルマに搭載する方式の燃料電池車はかなり厳しい、と感じます。

タテウチ　天然ガスから水素を作るのが七〇〇度C、メタノールから作っても二〇〇度Cですが、ガソリンから作ると八〇〇度C、メタノールから作っても二〇〇度Cですから。しかも、この温度を得るために天然ガスを燃やすのでは、なんのためにガソリンを燃やさないようにするのかがわからなくなる。

岩田　低い温度でできる触媒も開発中なのですが。

タテウチ　そうですね。いまはまだ、いろいろな可能性をチャレンジする時期でしょうね。

# Watch out!

舘内　端

## 私たち、お役に立てますでしょうか？

　燃料電池車が騒がれて久しいが、公開できるような燃料電池車が現れたのは数年前のことである。しかも問題は山積で、実用化はほど遠いといわれていた。その第一の関門が燃料である水素インフラの整備だが、なんと1998年にはスタンドの実証試験の計画が旧通産省で始まり、02年の2月には実際にスタンドが完成してしまった。なんだかんだと、批判ばかりしている内に、どんどん問題は解決し、実用化はあっという間かもしれない。

　燃料電池車もEVもそうだが、出来る、出来ない、問題がある、問題がない、という論議ではなく、やらなければ自動車も人間も生き残れないという話なのではないだろうか。

　確かに水素スタンドはまだデカいが、それを他人事として批判して終わりにするような、これまでの批評、評論では意味もないし、自分と他者とまだ見ぬ未来世代に対する責任回避以外のなにものでもないと、寒空の下、スタンドの屋根を仰ぎながら思ったのだった。

　と書いたのが02年の3月であった。それから1年。実証試験の終わったこの水素供給スタンドは、その使命を終えて、今閉じられようとしている。継続するには費用がかかり過ぎるということらしい。果たして、このスタンドで何台の燃料電池車が水素を充填したのか。充填したという話は、ついぞ聞かない。

　燃料電池車の未来は明るいのか。いや、それでは他人事である。明るくするのは、私たちだ。といわれても、見たことも、ましてや乗ったこともない燃料電池車。どうすればその普及にお役に立てるのか。わかりづらい。

146

# クルマと電気を繋ぐ架け橋

バッテリーを搭載し、電気でモーターを駆動して走るEV（電気自動車）の普及にあたっては、航続距離に問題があるとされていた。同時に、充電を行うインフラの整備も必要だった。この問題を解決する充電スタンドが完成したという。開発の経緯と普及にあたっての課題を、関西電力総合エネルギー研究室の荻野法一主任研究員と、日本電池電池事業部の中村仁志グループマネージャーに訊く。

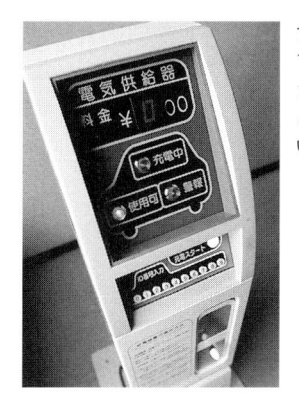

100円硬貨による入金、またはID番号入力で利用できる充電スタンド。2002年2月にシステムが完成したことが新聞で報じられると、駐車場運営会社やEV製作会社からの問い合わせが相次いだという。

## 充電ステーションはもう使われている

**サトー** いままでの充電スタンドはどのようなものでしょう？

**荻野** いままでのEV（電気自動車）は、200ボルトで充電するものだったのですが、これはエブリデー・コムス（註）などの超小型EVに対応する、100ボルトで充電するタイプです。最近のEVの需要を見ると、この種の原付四輪、原付二輪が増えているんですね。

**サトー** 100ボルトということは家庭用と同じですね。

**荻野** そうです。今回は、価格を引き下げるために100ボルト充電専用としたので、コンセントと同じです。機能を100ボルトに特化したことで、60万円程度で販売できる充電スタンドを作ることができました。需要が増えれば10万円程度に下げることも可能でしょう。

**サトー** 充電スタンドに取り組むきっかけは何でしょうか？

**中村** もともとは荻野さんの前任のかたから、キャンプ場などで電力を有料で供給できるシステムが作れないものか、という相談を受けたのがきっかけですね。そこから発展して、EV用充電スタンドを作ることになりました。

**荻野** 関西電力では以前から、日本電池と電気自動車のイ

ンフラに関する研究と開発を行ってきた経緯もあります。

**中村** 日本電池と関西電力が共同研究することを意外だと思われるかもしれませんが、昼間と夜間の使用電力の平準化、つまり電力消費量が下がる夜間に充電することなど、われわれ電池メーカーと電力会社は昔から繋がりがあるのです。10年ほど前にはEVの共同研究もしました。車体はダイハツ、モーターは東芝、バッテリーは日本電池、というように役割分担をしてのチャレンジですね。

**荻野** ところが、EVがなかなか普及しないのです。そこで、方向転換を図ったんです。EVの車体開発は自動車メーカーさんなどにお任せするとして、われわれはEV普及に専念しようと考えました。EV普及のネックは充電なんですね。そこで関西、東北、北陸、九州の電力会社4社と、24時間無人駐車場を運営するパーク24、そして日本電池で取り組んだのが、この充電スタンドです。

**サトー** パーク24はどんな役割をなさるのですか？

**荻野** パーク24はかねてEV普及に力を入れていましたので、何らかの形で協力したいと考えていたようです。われわれにしても、全国いたるところで駐車場を運営しているパーク24の施設を利用できれば、充電ステーションやEV

を広く普及させることが期待できます。

中村　もうひとつ、駐車場にはどうしても小さなデッドスペースができてしまうそうです。そこに小さなEVを停めたい、という意向もあったようです。

サトー　そこで課金システムを備えるわけですね。

荻野　今回の充電ステーションは、駐車しながら充電する、というイメージで開発しました。それが課金システムを備える理由です。

サトー　生まれて初めて充電ステーションを見せていただきましたが、小さいしシンプルなんですね。

荻野　EVに対してみなさんに興味を持っていただく、PR効果も狙っていますので、そう感じていただけると嬉しいです。環境問題解決や、やや頭打ちになった電力需要の喚起という意味でも、EV普及を期待しています。

サトー　これは、すでに稼働しているとのことですが。

荻野　はい。東京都の港区三田でOA機器のメインテナンスを行うリコーテクノシステムズという法人に、実証試験をお願いしています。この会社は、環境問題に対応すべくEVを採用したいけれど電源を備えた駐車スペースがない、と悩んでいたそうです。そこでパーク24の駐車スペースとEV

ブリデー・コムスを組み合わせてテストをしています。

サトー　反応はいかがでしょう？

荻野　いままではガソリンエンジンの三輪車をお使いだったのですが、充電の手間も気にならないとおっしゃっています。また、車両じたいも、安定しているとも好評です。

中村　ヤクルトの配達とか、各種配送業のかたがエブリデー・コムスなどの小型EVを大量にお買いになるケースがあるので、今後もニーズはあると思っています。

## 環境と福祉の町づくりに役立つ

タテウチ　技術的に苦労なさった部分はあるのですか？

荻野　従来技術の組み合わせですし、構造的に難しいことはありません。初めて使うかたが違和感なく簡単に扱える操作性を念入りに検討したつもりです。

中村　お金をいただくのなのでセキュリティには気を配りました。

サトー　今後はどのような展開をお考えですか？

荻野　いろいろと応用できるでしょう。たとえば課金システムだけでなく、スーパーの駐車場などでお客さんがID番号を入力すれば無料で充電することなども考えられます。

サトー　タダで充電ですか？

荻野　エブリデー・コムスの場合は、8時間のフル充電でも電気代は25円とか30円です。買い物をする間の1時間程度の充電なら3円とか、そんなレベルです。勝手な意見かもしれませんが、「環境に優しいEVで来店してください」とPRすれば、スペースと充電スタンドは準備しています」と企業としての姿勢を示すことができると思うのです。

タテウチ　スーパーマーケットに限らず自発的に充電ステーションを導入してくれるのがいいんだけど、それは難しいから、補助金がつくといいと思うんですよね。

中村　エブリデー・コムスには補助がつきますし、200ボルト用の充電システムには50万円も補助が出るのですが、100ボルト用はまだですね。

荻野　ただ、補助がなくても普及するように安くしていかないと、本当の普及はないわけで、努力するつもりです。

タテウチ　これは広がるといいと思うし、エブリデー・コムス以外にも、おじいちゃん、おばあちゃんが乗っている電動シニアカーとかにも使えますよね。電動車イスを使っている人だって、充電ステーションがあちこちにあれば行動範囲が広くなる。環境と

福祉、どちらにも益になります。

タテウチ　高齢化社会になれば需要は増えると予想しています。

荻野　EVとクルマに必要なのは、まずは充電ですもんね。

タテウチ　電気とクルマを繋げるきっかけになってほしいです。

荻野　2001年に、日本EVクラブのメンバーがEVに改造したメルセデス・ベンツのAクラスで、充電しながら日本一周したんです。いろんなところで充電をさせてもらったんですけれど、充電インフラなんて大げさなことを言わなくてもコンセントはあちこちにあるんですね。で、ボランティアだけではなくて、充電させてくれた人がちょっとだけ儲かる仕組みがあればスムーズだと思いました。たとえば1回の充電の価格が100円で電気代が3円だとすると、充電スタンドを設置した人は97円儲かる。それなら缶ジュースの自販機よりいい、という人がでてくるかもしれない。

荻野　ほかにも、たとえばそれほど大きくない自治体がEVを大量に導入して、充電スタンドを設置するというのは現実的ですね。排ガスと騒音のない町づくりができます。

タテウチ　コムスだったら町中で50kmは走りますから、小さな町なら充分なんです。

荻野　そして福祉車両、電動車イスとかシニアカーも充電できれば、とても住みやすい町になると思うのです。

タテウチ　技術的に問題がないということなので、どこかの自治体なり企業なりがチャレンジしてほしいですね。

サトー　ガソリンスタンドの場合は、地下を掘ってタンクを埋めて、タンクローリーでガソリンを運んできて、と大変じゃないですか。ガソリンスタンドがこれだけ増えたんですから、簡便な充電スタンドが増えることは造作ないことのようにも思います。

タテウチ　水素にしろ石油にしろ天然ガスにしろ、今後のエネルギーを考えるとどうしてもデリバリーの問題が生じます。けれども、電気だったらそこいらじゅうにある。これだけのインフラがすでに日本中で整っているということは、考えてみれば凄いことなんですね。

＊註
【エブリデー・コムス】
左右後輪にモーターを組み込んだ第一種原動機付自転車（4輪）。愛知県のアラコ㈱が製造する。定格出力0.29kWのモーターを2機搭載し、最高速度は50km／h、10モードで60kmの航続距離を持つとされる。

# Watch out!

舘内 端

## 電気の戦後は終わっていない

　前出の水素スタンドに比べると、このEV用の電気スタンドはめちゃ安い。（料金徴収が可能な）いわゆるコンセントだからだ。これなら、あっというまに充電インフラが全国にできる。

　ところが、充電器を設備した充電スタンドとなると、充電器が高いので一桁金額が違う。これは、充電器を個々のEVに車載するか、それともスタンドに設置するかで、EVのインフラ整備は違ってくるという例だ。しかし、充電器を車載すれば、個人住宅、スーパー、事業所と、どこでも充電できる。

　ところで、このような有料コンセントが広まると、町中で、携帯電話やパソコンの充電もできるし、家庭用電化製品も使える。また、近い将来にカーエアコンが電化されれば、町中や高速道路のサービスエリアなどでこのコンセントにプラグ・インしてアイドリングせずに仮眠や休憩を取れ、飯も炊け、カラオケもやれて、ビデオ、テレビも見ることができる。クルマに住めるというわけだ。

　このように、もっと自由に電気が売れて買えるようになると、便利かつ空気もクリーンになるのだが、そうなっていない。それは電気事業法が戦後の混乱期のままだからである。この時期は、停電も多く、安定した電力供給が強く求められていた。そこで電力会社に安定供給をさせるかわりに、一種の電力独占権を与えた、なごりなのだ。しかし、EVであれば余った電気を売れないわけではない。

　それはともかくとして、車中電化生活がすぐにでも可能な自動車がEVなのだ。

# 誰が水素を作るのか？

水素ってタダなのか、高価なものなのか？　作るのは簡単なのか、難しいのか？　いくら水素がクリーンでも、化石燃料から作るのでは意味がないのではないか？　水素社会と言われるが、われわれは水素のことをあまり知らない。日石三菱（現在の新日本石油）中央技術研究所を訪ね、水素とは何かを訊く。

左が技術開発部の南條敦氏、右が石油利用グループの安斉巌氏。残念ながら、水素プラント内部は機密事項が多いため、撮影できなかった。

## 水素は安いし、製造も簡単（だけど）

サトー　次の時代のエネルギーは水素だと言われていますが、考えてみると水素というものをどこでだれが作っているのか、全然わからないのです。御社が水素を作っていると聞きましたが、石油会社が水素を作っているんですか？

南條　ええ、作っていますよ。水素製造工場がありまして、量としてはものすごい量を作っています。

サトー　大量の水素を何にお使いになるのでしょうか？

南條　水素をガスとして出荷しているわけではなく、製油所で石油製品の原料を脱硫するなど、石油精製に用います。

安斉　日本にはたくさんの製油所がありますが、全部で41機の水素製造装置があります。そこで1日に300億ℓの水素を作っています。1日で24の東京ドームが満杯になる量です。ちょっと古いデータですが、ダイムラー・クライスラーの燃料電池車、necar4の公表値で計算すると、900万台が年間1万km走行できる量です。

サトー　製油所ではどうやって水素を製造するのでしょう？

南條　専門用語で言いますと、部分酸化方式という方法です。まず、石油原料を改質器にかけ、石油に含まれるH（水素）を取り出します。同時に、石油中のC（炭素）をO（酸素）と結びつけることで$CO_2$が発生します。

安斉　このときに生じる熱は、有効に活用しています。

タテウチ　コージェネ（発電時に発生する熱の暖房や給湯への再利用）も組み合わされているんだ。

サトー　製油所の水素製造方法は、燃料電池車で使われる改質器と同じ仕組みなのですか？

南條　基本的には同じですが、設備の大きさが違います。

タテウチ　つまり、水素は日常的に大量に作られて、大量に使われているわけですね。水素は爆発する危ないものというアレルギーも根強くあるんですが、御社のような生産と使用の範囲であれば、安全性には問題ないわけですね。

安斉　もちろん危険性もあるんですが、取り扱いのノウハウを確立していますので、きちんと管理ができています。

サトー　水素製造のコストは、どのくらいなのでしょう？

安斉　お客様に売っているわけではないので、水素を1ℓ作るのにいくらかかるか、売るとしたらいくらなのか、という部分は申し訳ありませんがお答えできません。

南條　ただし、石油製品の価格に水素製造のコストは含まれているわけです。石油製品の価格を上回るほど高価でな

安斉　水素の問題は、製造だけなら高価ではないのですが、それを流通させるとなると相応のコストがかかることです。

タテウチ　じぶんで作って、その場で使うぶんには問題がないけれど、輸送や貯蔵が問題なんですね。

南條　そういうことです。

タテウチ　たとえば水素をパイプで供給するとして、漏れてしまうという問題がありますから。水素は粒子が小さいから、鉄の中にどんどん入っていく。すると、パイプに亀裂が入っちゃうんだ。ま、そういう性質を持っているからこそ、水素吸蔵合金に貯蔵することもできるんだけど。

サトー　パイプの材質を変えることで漏れを防止することはできないのですか？

タテウチ　水素漏れを防ぐためにステンレス製のパイプを使うとなると、途方もないコストになる。

サトー　パイプ以外の方法で運ぶことも考えられますか？

安斉　ありますが、難しい問題です。水素吸蔵合金に貯蔵して運ぶことは、吸蔵合金は非常に重量があります。液体で保存して運ぶこともできますが、水素を液体に保つにはマイナス253度Cまで冷やさないといけない。

タテウチ　マイナス253度Cに冷やすには凄まじいエネルギーが必要になる。そこでエネルギーを使うと、水素が本当に環境にいいのかどうか、わからなくなりますね。

南條　運搬が難しいのと同じ理由で、貯蔵も困難です。

タテウチ　いま、カーボンナノチューブへ水素を貯蔵する研究をしているけれど、あと何十年かかるかわからない。

サトー　じゃあ、現在のガソリンスタンドをすべて水素スタンドにするっていうのは……。

南條　現時点ではまだ難しいですね。

## クルマだけの問題ではなくエネルギー全体の問題

サトー　運搬と貯蔵以外に気になったのは、石油原料から水素を製造するときに$CO_2$が発生するということです。水素はクリーンなエネルギーとして期待されているわけですが、水素を作るには地球温暖化の元凶と言われている$CO_2$を発生させてしまうというのが釈然としないのです。

安斉　石油製品というのは、確かに$CO_2$は発生します。ここで大事なのは、トータルのエネルギー効率の問題ですね。これは舘内さんにお聞きし

安斉　HCは発生しますが、最終的にCO除去装置にかけますので、HCからもう一回水素を取り出します。

タテウチ　それくらいいいと、大変に頑張った数字です。

南條　燃料電池車の場合は、40％前後は無理にしても35、36％は十分可能な数字なんですね。

タテウチ　だから1km走行あたりのCO$_2$排出量で見れば悪くない。石油をエンジンで燃やすよりは、石油から水素を製造してその水素で燃料電池を稼働させるほうが効率が高いかもしれない、ということですね。石油から水素を作る手間など、トータルの効率で考えないといけませんが。

安斉　効率と同時に、コストも考えないといけません。

タテウチ　コストを考えても、家庭用燃料電池ならコージェネが可能ですしね。これはぼくからお訊きしたいのですが、部分酸化方式で水素を製造すると温度は1000度C、1600度Cになるはずです。このときにNOx（窒素酸化物）などの排出ガスが出そうなんですが、どうでしょう？

安斉　HとかCO（一酸化炭素）というものが主成分で、NOxは出にくい状況です。

タテウチ　光化学スモッグの遠因とされるHC（炭化水素）はどうでしょう？

安斉　そうお考えいただいて結構だと思います。

タテウチ　水素のほうがCO$_2$排出が少なく抑えられて、しかも排出ガスもクリーンということになると、問題はやはり運搬・貯蔵を含めたコストですね。これから環境への規制がますます厳しくなると、税制誘導などで水素や燃料電池にインセンティブがつくかもしれない。いっぽう、エンジンで石油を燃やすとペナルティが課せられる可能性もある。そうなったときに、ちょっと手間がかかっても水素を使ったほうがコスト的にも安くなる可能性はありますね。

サトー　ところで、水素製造のプロであるみなさんに伺いたいのですが、水素は爆発しませんか？

安斉　弊社の工場では問題ないのですが、密閉空間にたまるとまずいでしょうね。

タテウチ　地下の駐車場なんかに水素が溜まると、ちょっとおっかないね。

サトー　でも、燃料電池車に積むとなると、ぶつかったり

しますよね。高地にも行けば、暑いところ、寒いところにも行きます。いま走り始めている何台かの燃料電池車は、いずれも水素を積むタイプですが、あれは大丈夫なんでしょうか？

**安斉** もちろん各自動車メーカーさんが対策を講じられていると思いますが、われわれも考えていかなければならない問題でしょうね。

**南條** 水素を積むのではなくて、ガソリンやメタノールを積んで車内で水素を製造する方法では対応ができるのですが。衝撃があったときにすぐに水素の製造を止める、作った水素はすぐに使う、というシステムを構築することでクリアできると考えます。

**サトー** それにしても、石油会社って想像以上のところですね。燃料電池車や水素って、自動車メーカーだけが研究していると思っていましたけれど、水素をバンバン作っていることに驚きました。

**タテウチ** ぼくらはクルマのことばかり追いかけてしまいがちだけれど、エネルギーは産業全体の問題ですもんね。ここから考えないと、ぼくらの好きなクルマを救えなくなることがよくわかりました。

# Watch out!

舘内 端

## 正しい水素の作り方

いわゆるヤバイものには、パワーがある。自然現象でいえば、火山に地震に台風。資源でいえば、石油に天然ガス。ダイヤモンドも人を魅了するという意味のパワーが強く、刃傷沙汰の原因にもなる。ウラニューム、プルトニュームとなると、地球を破壊するほどの力がある。パワー＝力とは、どうやら危険なものほど強いようだ。

自然のもつこのようなパワー＝エネルギーをどのように制御し、利用してきたか。それがこれまでの人類の歴史ということもできる。その観点からいえば、同じ石油や天然ガスを使うにしても、それを燃焼させて熱エネルギーとして使うよりも、一度水素の形にして、さらに電気エネルギーとして使うほうが、それらの負のパワー（環境問題）を封じ込めやすく、効率にも優れているのかもしれない。

しかし、文中にもあるように、石油や天然ガスから水素を製造すると、$CO_2$が発生する。燃やすか、水素にして燃料電池車で使うかは、両者の効率による。現在のところ、燃料電池車の効率はディーゼルエンジンや火力発電所に及ばない。燃料電池車、ガンバレだ。

ただし、石油等、化石燃料以外から水素を作るとなると、話は別だ。たとえば、太陽光発電や、風力発電、バイオマス（生物）で発電して、その電気で水を電気分解し、水素を作るという手がある。

えっ、だったらその電気を直接EVに充電すればいいって？　うーん。実は燃料電池車を研究・開発している人たちも、そう考えているかどうかは知らないのだが……。

# あ と が き

舘内 端

この本はおもしろい。そう思っていただけると本意である。ただし、自画自賛ではなく、おもしろくしているのは、ご登場いただいた方たちだ。

これらの方々が取り組まれているのは、環境対応最前線の技術であり商品である。ご苦労も多いので、おもしろいというのは不謹慎かもしれない。しかし、おもしろい。宇宙戦艦ヤマトの乗組員たちが、困難を乗り越えて使命を果たすような、そんな物語があるからだと思う。

この本はドキドキさせてくれる。改めて読んで、さらにその意を強くした。たとえば、第1章の地球温暖化の話にしても、ヨーロッパの洪水被害や、北極の氷が溶けているという報道に接すると、「話は本当なんだ」とお思いになる方も多いだろう。

また、「石油の寿命を考える」のところでは、9・11の同時多発テロ、それに続く米国のイラク侵攻という事態に接すると、石油資源をめぐる政治的緊迫が、今日、ますます現実味を帯びており、「やっぱり……」とお思いになるに違いない。

第1章で言えば、取材でうかがったお話が、一つ、一つ、確かなものになっていくということは、私たちの生活がますます困難さを加えるということであって、それを「ドキドキする」とは恥知らずだとお叱りを受けるかもしれない。実のところは、不安でドキドキしてしまうということなのだ。

だが、この本を読むと元気が出る。まるで健康食品の宣伝のようだが、とにかく、元気になれる。第2章からは、不安に脅えた気持ちを奮い立たせてくれる話を集めたので、ご安心のほどを。

環境問題というと、まだ声高に話をできない職場や集まりが多く、「環境」と聞いただけでげっそりしてしまうのが現実かもしれない。ましてや、ご自分が環境対策の担当者にでも指名されたりすると、会社や行政を辞めたくなっても不思議ではない。そんな人に、ぜひお読みいただきたい。ご登場いただいたすべての方とはいわないが、みなさんと同じように、不安をいっぱい抱えて環境対策を始めた方もいらっしゃる。その人たちが、元気になった秘密というか、コツというか、それが書かれている。お読みになると、「オレも、やってみるか」とお思いになること必定である。

この本は、勇気凛々の書である。取材を通じて、たくさんの勇気をいただくことができた。取材のたびに、この困難な時代を共に生きる仲間を見つけられたと（ご本人たちには了解もなく）思っている。

勇気をいただけたのは、ご登場いただいた方たちが、みな覚悟を決められているからだろう。といっても、眉間にしわを寄せて……というものではない。腹をくくるというか、言い方は悪いが、諦めるというか。「……、だったらやってやるか」みたいな、明るい覚悟、明るい覚悟、男気を感じるのである。

環境問題、エネルギー問題は、知るほどに深刻になる。知るほどに深刻に取り組むほどに、その深刻さを知ることになったに違いない。かくいう私も同様である。そのたびに、ご登場いただいた方々も、業務に取り組むほどに、何かを覚悟しなければならず、何かを背負い込まなくてはならなくなる。そうして追い込まれ、逃げ場がなくなって、初めて覚悟ができる。

覚悟ができた人間は強い。そして明るい。その強さと明るさは、人に勇気を与えるのだろう。

さて、自動車愛好家のみなさんの心配は、愛しき自動車にいつまで乗れるのだろうかということではないだろうか。あるいはエンジン大好きの人たちにとっては、EVや燃料電池車の行方も気になるに違いない。その回答は、

158

残念ながら本書のどこを見渡してもない。

しかし、持続可能な自動車と自動車社会を目指して、日々、活躍する人たちについては、たっぷり紹介したつもりである。中にはみなさんと同じく、いつまでも自動車に乗りたいからと、志願して新技術の開発に勤しむ人たちもいる。こうした人たちの存在を知ると、きっと勇気づけられると思う。第3章からは、そうした人たちと新技術を紹介した。

第3章では、アイドリングストップに取り組む人たちと技術、悪者になりがちなバスとトラックのハイブリッド化を進める人たち、$CO_2$を削減するために植林運動を推進する石油会社、省エネタイヤ、電気カーエアコン、LEDの自動車ランプを紹介した。この章のテーマは$CO_2$削減である。

世界第4位の$CO_2$排出国である日本の場合、自動車から排出される$CO_2$は、全排出量の20％強である。しかも2000年時点で90年比約40％近くも増大している。その主原因は乗用車からの排出量の増大である。そのまた原因は、SUV、ミニバン、3ナンバー車等の大型、大排気量車の増加と、1台当たりの走行距離の伸長である。つまり、燃費の悪い、大きなクルマに乗って、たくさん走るようになったということだ。

これをポジティブに捉えれば、日本は豊かになったということで喜ばしいのだが、この豊かさを持続させるには$CO_2$の削減が絶対条件である。大所、高所から考えると、とても無理な話であって、絶望するしかない。しかし、上記の技術やシステムに取り組む人たちに会ってお話をうかがうと、元気が出る。そして、空吹かしをしたり、無駄なアイドリングをしたりすると、この人たちの努力を無にするような気持ちになる。

第4章では、続々と電化される変速機、ブレーキ、パワステ、それからハイブリッドとEVの生命線であるバッテリー技術について紹介した。

ブレーキまで電気になるのかとお思いかもしれないが、ブレーキさえも電気にしないと$CO_2$は削減できず、一方、これらの部品を電化すると自動車はもっと快適で、安全な乗り物になる。自動車の電化は、自動車が今世紀に生き残る上でぜひにも必要な条件のようだ。また、自動車の電化促進のキー・テクノロジーは、バッテリーの高性能化である。この章では、世界一のバッテリー技術をもつ日本の底力をかいまみることができると思う。

第5章では、EVに必要な充電スタンドと燃料電池車に必要な水素スタンドについて、比較検討が容易なように併記する形で紹介した。

燃料電池車の影に隠れてしまったように見えるEVだが、インフラを比較してみると、圧倒的にEVが有利だ。また、経済産業省ではEVとEV用バッテリーについての見直しが始まった。将来の燃料電池車とEVの行方を占う意味でも、第5章はお役に立つに違いない。

本書で紹介できなかった人や技術がある。機会を改めて紹介しようと思っている。また、私たちの取材が行き届かず、ほかにも自動車の延命に努力されている人たちや最新の技術があるかもしれない。これも機会を改めたい。持続可能な自動車と自動車社会の構築には大変な努力が必要である。しかし、そのための努力をすでにされている人がいて、新技術が開発されていることを知るとき、きっと、明日もまた元気に生きる勇気がわいてくると思う。そんな本になっていれば、私たちは幸せである。

取材にご協力いただいた上に、勇気もいただいた方々に感謝したい。また、取材先を丹念に選び、編集し、まとめてくれた二玄社NAVI副編集長の佐藤健さんと、この本を出版しようと決意され、努力された二玄社にあわせて感謝したい。

## 舘内 端
### たてうち ただし

1947年、群馬県に生まれる。
日本大学理工学部卒業。
東大宇宙航空研究所勤務の後、レーシングカーの設計に携わる。
現在は、テクノロジーと文化の両面からクルマを論じることができる
自動車評論家として活躍。『NAVI』『JAF MATE』等、連載多数。
ただし、自動車評論家というのは副業（？）で、
本当は自動車生き残りに賭ける突撃隊長だとの噂もある。
1994年に設立した日本EVクラブの代表を務めつつ、
行政の各種の委員もこなし、低公害車の普及をボランティアで促進している。
その理由をたずねると、「さんざんクルマで遊んでしまった懺悔だ」とのこと。
それでも、環境大臣表彰を受けたというから、多少は許されているのであろう。
『すべての自動車人へ』（双葉社）、『ガソリン車が消える日』（宝島社新書）、
『クルマ運転秘術―ドライビングと身体・感覚・宇宙―』（勁草書房）など、
著書多数。

---

胸をはって
クルマに
乗れますか？

| | |
|---|---|
| 初版印刷 | 2003年5月20日 |
| 初版発行 | 2003年6月5日 |
| 著者 | 舘内 端／NAVI編集部 |
| 発行者 | 渡邊隆男 |
| 発行所 | 株式会社二玄社 |
| | 〒101-8419 |
| | 東京都千代田区神田神保町2-2 |
| 営業部 | 〒113-0021 |
| | 東京都文京区本駒込6-2-1 |
| | 03-5395-0511 |
| URL | http://www.nigensha.co.jp |
| 写真 | 大石 環、岡村昌宏、河野敦樹 |
| 装幀・本文デザイン | 黒川聡司デザイン事務所 |
| 印刷 | シナノ |
| 製本 | 積信堂 |

※本書は『NAVI』における連載「Around the corner／クルマ社会の曲がり角」
（2000年10月号～）から著者が自選し、加筆したものです。

**JCLS**
（株）日本著作出版権管理システム委託出版物
本書の無断複写は著作権法上の例外を除き禁じられています。
複写を希望される場合は、そのつど事前に
（株）日本著作出版権管理システム
（電話03-3817-5670　FAX03-3815-8199）の承諾を得てください。

©T.Tateuchi,2003
Printed in Japan
ISBN4-544-04341-7